本原设计·城市与建筑理论丛书

人与建筑的异化

孟建民　刘杨洋　李晓宇　著

中国建筑工业出版社

序

《海底两万里》中尼莫船长的潜水艇只是一个简单的交通工具吗？难道它就不能被看成是一个建筑吗？尼莫船长说他能在里面永久地生活，并且，借助这个鹦鹉螺号潜水艇，整个海洋都成了他的王国。

如果鹦鹉螺号可以看成是一个建筑，那么《飞向人马座》中的东方号也应该算这类建筑。这艘飞船平地起飞加速 185 小时之后速度达到每秒 4 万千米，是光速的近七分之一。飞船上的乘客因而经历了相对论效应甚至比地球上的人都更加年轻。假设没有遭遇黑洞，东方号会在宇宙中无限漫游。

无论是鹦鹉螺号还是东方号，都可以是人类栖居之所的典型代表。这种建筑通过包裹材料把自身和外部宇宙割出一片给人居住的空间。而在空间之内，人们可以自由地建构自己想要的生活。

我之所以把上面的两个科幻小说中的交通工具当作一个建筑来考量，是想说建筑本身也可能具有多重可能的定义方式。去掉两个物体的推进系统，它们跟我们所说的建筑物并无二致。而这种建筑物的特征，就是从无限宇宙中割去一部分空间据为己有，并且在其中实现自己想要的、快意生活的功能。

我之所以突然脑袋一热，想要通过科幻作品中的交通工具分析去构建一个虚幻的建筑发展史，是因为读到了孟建民院士的新著《人与建筑的异化》。这本书中充满了促发我绕过当代现实去想象另一种存在并为之激动的燃爆点。

《人与建筑的异化》全书分成五个部分。第一部分从人类个体的发展历史，讨论了未来人类的存在可能。在结尾部分作者提出，技术是这个过程的重要参与者与中介。第二部分开始研究技术，特别是人类所创造的机器的演化。在结尾作者认为，机器的未来发展必定是向着与生物相互驳接的方向前进。第三部分讨论了机器和人类相互交互的外部环境。第四部分讨论接口。第五部分从整体上观察这一过程的结果会是怎样的。

跟以往的未来学著作不同，这本书有如下几个特别值得关注的特点。

首先，作者是站在建筑学家的视角去观察人与技术发展，也就是说，他们跟社会未来学者、技术未来学者的视角差异很大。自始至终，作者都是在考虑未来建筑会发展到怎样的规模发展成怎样的样式，以及这些规模和样式背后的人类欲望与愿景。恰恰是把握着建筑发展这个聚焦点，导致了他们对人类未来、机器未来、环境未来等的分析，都带着寻求生命庇护所的终极目的。如果说他们带有的眼镜，跟那些歌唱信息时代到来人类将变成后人类、生命解码时代到来人类将走向永生的著作，或跟那些讲述技术最终会击败人类的自由渴望，造成新的反乌托邦陷阱的警示故事都不相同，询问我们这种生命的最终庇护所，是全书自始至终暗含的目标所在。在这个意义上，这本建筑未来学的作品跟其他未来学的作品拉开了距离，也提供了更专业的思索成果。

其次，这本书研究方法很特别。它既不同于那种起源于各种哲学思考的未来学著作，也不同于那种来源于对近期各种信息出现频率分析而进行的趋势外推，作者主要依照的是一系列未来学理论所产生的积极成果。分析这些成果的建筑学意义和隐喻，是作品所采用的研究方法。我很喜欢他们对技术进化的多重理论、赛博格与后人类理论、思维发展的心理学理论、熵增和控制论等的分析和使用。而这些分析和使用为他们搭建自己的未来建筑发展前景创造了有说服力的基础。我想，未来并不一定是他们所设想的，但按照他们的这些思路，这样的未来是非常可能出现的或有理由出现的。而这一点恰恰是当代未来学所追求的目标：不在于预测，而在于启发。

第三，这本书的作者充分利用了建筑和设计领域对视觉或形象的有效把握，在许多地方，通过图文并茂的方式展现了过去、现在和未来的具有说服力的景象。仅仅翻看书中的插画和图片，也能体会到全书的艺术感和对作者未来的美学修养。如果说未来跟人类的努力之间有着不可分割的联系，那么任何一个未来搭建者的美感修为，就凸显了我们可能进入的时代的美好程度。

我个人很喜欢全书前言的结构示意图。作者把赛博格当成是人与新人之间的过渡点。把自然环境和人工环境当成是两个不同的、作用于我们又被我们所沉浸的叠加区域。在人与环境的中间是建筑的发展路径及其舱体与巨构的两个尺度上的未来。这张图片不但完整展现了全书的思考内容，也为我们理解过去、现在和未来提供了一站式的直观图景。

作为一本建筑未来学的读物，我相信这本书对从事建筑的新入行者，甚至长期埋在图纸和材料堆中的实践者会是一种具有缩放能力的远观镜。对于从事未来学的工作者，能成为一个很有价值的学术侧面延伸。对我们这些从事科幻创作的人，能成为一种良好的刺激物和构思的激发者。书中的许多内容，对构建我们作品中的地球或外星城市、空间、建筑、飞行器等都有着启发作用。但我觉得，最重要的读者是那些正在思考未来我们会生存在怎样世界的年轻人、大中小学生、普通读者，你们将会从这本书中感受到许多对未来的启迪和对人生的信心。人类的思考能力、科技发展的创生能力、对空间的构筑能力和对环境的意义赋予能力到底能给我们的未来贡献出怎样的花朵，是这本书的重要阅读价值所在。

大约四年之前，由一个非常复杂渠道的引导，我接到孟建民院士的邀请，参加他主持的深双策展团队。这个团队的阵容异常强大。院士带领了一个建筑师小分队，人员包括王宽和张莉。从意大利来的艺术馆长兼策展人 Fabio 和玛瑙形成另一个团队，这是策展专业户。然后是楸帆和我组成科幻团队。建筑+艺术+科幻，一个深双历史上独特的策展群体就这么建立起来。我们进行了几次前期工作。院士工作特别忙，于是 Fabio 从意大利赶来，带着大家一通头脑风暴，形成了三个策展要点。我们再争论和消化，几个人的想法越来越接近。我们要给深双一个全新的、具有科幻特色的策展方案。我们希望这个方案能在竞争中胜出。出场陈述的那天，我不巧在美国访问——似乎是在斯坦福大学，不能现场发言，只好通过视频做自己的汇报。第九届深双的申请团队一共有七个，最终，我们跟来自哈佛大学与华南理工大学的组合队双双中标。这是我一生中第一次参加策展活动，没想到就真的梦想成真。想来想去，这些都是因为孟院士、Fabio 和楸帆早就跟策展有所接触，熟悉这种独特艺术形式，又能把科幻艺术和建筑空间融为一体去创造合适的方案所致。

一轮策展下来，跟这个团队的人学到许多东西。这其中给我印象最深的就是孟建民院士。我一直记得第一次见到院士时候的那种感觉，他非常疲惫且眉头紧锁，好像有点拒斥外来人。但这只是外表，一旦他发言，就发现特别温和，而且对我们这些其他学科的人特别尊重。也恰恰是他这种为人处世的风格，让我们放大胆子去自由发挥，结果我跟楸帆、陈娱等几个人，还在大展览之下搞了一个小展，看着院士带着市里的领导在开展第一天就来到我们展区，特别要看看我们那个根据吟光小说《心术》制作的展品，看的时候还不断推荐，心里真的特别感动。

展览开幕的当天我们搞了一个研讨会，是为院士跟大刘共同主编、我跟吟光执行主编的科幻集《九座城市，万种未来》的发布会。活动也进行得很顺利。慈欣也是那种非常随和的人，几次说不接受采访，但是采访来了还是没有拒绝。大抵做出了成绩的人都是这样，对自己的创作精益求精，对别人的要求则能满足就尽量满足。也正是因此，我们的这个展览既获得了双年展组委会大奖，也获得了清华大学五道口研究院给的奖。

正是这个展览让我知道了孟院士和他手下的团队那种对未来问题的探索精神和持之以恒的努力。除了他正在做的未来建筑2050 项目之外，他自己还带着团队搞了一个读书会。我还应邀去讲过一次。在那次讲演中，院士自己说：有的建筑师是从过去吸取能量，有的建筑师从现在吸取能量，而我是从未来吸取能量的人。这段话，不但让我能全面理解过往几年为什么他积极地推动深双朝向未来发展，也让我更好地理解了他此后的一系列行为。

我还要感谢孟院士团队中的学者们的那种谦虚谨慎和对科学的严肃态度。刘杨洋和李晓宇博士几次找到我，带着他们的电脑和本子，一讨论就是几个小时。我的许多建议，他们都认真考虑并纳入了写作或观点回应。对他们的这种精神，我感到由衷的钦佩。期待这本书给喜欢建筑学和未来学的读者，给科幻作家或跟我一样对明天有着强烈渴望的读者思考的激发。

是为序。

科幻作家

南方科技大学教授

美国科幻研究协会 SFRA 克拉里森奖获得者

吴岩

2022 年 12 月

自序

憧憬人类未来，拓展建筑思维

十多年前，在研究奇点时代过程中我曾以"奇点建筑"为切入点，提出了对于未来建筑的展望与设想，思考奇点时刻的技术爆发可能对建筑行业带来的颠覆性改变。在《奇点建筑》一文中，我强调了建筑生命化的可能，认为"生命的基因"正在悄然注入建筑的体内，建筑正逐步显现出"动态化""生命化"的演变过程。同时，生命化的"奇点建筑"将不再是单独的个体，它们将是地球乃至宇宙新生成超巨生命体的细胞或器官。倘若未来真正迎来这样一个时刻，以超级人工智能为代表的科技迭代达成了历史性的蜕变，人与建筑都将发生根本性的改变。

面对可能加速到来的颠覆性场景我们至少可以在观念上有所绸缪。在此后的时间里，我又陆续通过一些文字表达、方案设计、概念展品等方式去传递对于未来议题的讨论与想象。如今几经酝酿，缀辞成书，希望拓展《奇点建筑》中对未来的思考，融入《本原设计》中对建筑和人本的思辨，一得之见，希望能与读者共享。

为什么要憧憬未来？其实从逻辑上预测未来更像是徒劳，一方面对未知的探究会伴随着知识信息的累积，而已知的增长一定会带来更多的未知。另一方面，一旦变幻莫测的未知变成了笃定要到来的现实，就难免会招致对其有意的改变力量的出现，从而给未来带来新的不确定性。如此说来，未来就好像地上的身影，看似总在前方不远处却又永远无法真正触及。尽管如此，对未来的探索仍然是必要的，在探索未来的过程中，我们可以调整发展的方向，同时也可以检验与提升我们预测、预判及预设的能力。

对未来议题的重视不是想要打造一颗女巫用的水晶球去一蹴而就地实现超验的智慧，而是实际地想要针对未来可能或必然出现的具体场景，讨论我们在当下将要做出的选择。或许在一些人看来，面对未知的思虑不免会落入劳而无功的妄想，思虑万千的场景终究也未必在预言的时刻发生。殊不知，多少当下习以为常的日常生活都是源自不久的过去那些被认为不切实际的妄想和深信不疑的行动。若失去畅想的勇气和实现的魄力，人类社会或许将迎来真正的历史终结。

在我看来，未来议题之于当下最为欣喜的鼓舞在于机遇，我们又一次有机会可以摆脱过去的桎梏，有机会去往前人未曾设想或者力有不逮的方向。其次，未来之于现在最大的隐忧在于颠覆，当一些即将到来的场景威胁到我们当下的信仰，我们又将如何自处。曾经我们是一切社会关系的总和，后来我们是海边沙滩上终将被抹去的人脸，那么将来呢？

于是在这本书中，我们尝试以"异化"作为关键词，系统性地描绘一幅我们眼中未来人与建筑的交互场景，这其中有肯定、有猜测，有延续、有颠覆，有解答、有疑问，最终是希望传递一种积极主动的未来观念，以乐观的立场引导当下的工作以塑造积极的未来，避免单一维度、安于眼下、惯于问题、回避机遇的被动观念。此外，身为建筑学的从业人员，我还希望分享一种带有未来视野的专业观念，未来建筑学研究不应局限于对当前梁柱墙与声光热的有限关注，应当涵盖虚拟与实体多重维度的泛化学科视域，就如同生物学研究不能只看显微镜内的视野。凡此种种，不一赘述，望与各方读者共议。

孟建民

2022 年 12 月

前言

　　当下信息和生物技术日新月异的发展让各行各业再一次燃起对未来的想象。相较之下，建筑学科常常习惯于被动地接纳其他学科的思想与技术成果，建筑师或是安分于务实地解决当下的问题，或是随波逐流，倾心于手边可及的各类技术灵感，对未来的想象逐渐丧失进取的热情或者系统性的设想。本书希望通过讨论当下涌现出的技术发展趋势与建筑的相关性，以及对建筑可能产生的巨大影响，唤起建筑学界对未来议题的热情与关注。

　　建筑学也曾尝试引领对未来的想象，然而先锋大胆的、具有极大推动力的未来想象因为种种原因不及预期，从而导致大众对建筑乌托邦普遍的失望和回避。曾经存在于现代主义建筑理想中通过建筑改变并引领未来社会的抱负和热情逐渐淡出。建筑不再被视作是影响社会、改造社会的重要工具。建筑师在当下已经很少扮演曾经在现代主义时期引导社会发展主导力量的角色。这种能够影响社会和人类生存方式的角色更多地被信息科学家、生物科学家等职业所替代。建筑界的关注也在后现代思潮中转向为对造型意义的反复试探，曾经对科技和社会进步强烈关注的主体旋律也由对多元的历史、地域文化的关注所解构和替代。

　　在这种对思考未来日渐疲倦的建筑话语中，有不少建筑师会认为未来将是当下的延续和进步，科技将一点点慢慢改善这个世界，而过分强调科技则会陷入技术决定论的误导。但是，当其他各个学科都在聚焦于超级人工智能可能带来的奇点社会时，与其在建筑的舒适安全区中安守一种波澜不惊、田园牧歌般的未来，不如未雨绸缪地预想科技可能出现的颠覆所带来的挑战、冲击与机遇。

也有建筑师认为，对未来的预测很少会是准确的，因此对深远未来的思考和关注是一种徒劳。的确，尽管对未来的思考和推测能够发现线索和趋势，但种种偶然的、革命性的科技总会让预测差之毫厘、谬以千里。面对未来设想中的技术繁荣，虽然我们无法确定细节，但唯一能确定的就是一切都会改变。假如我们放弃关于可能性的想象，那么当下的实践就已然在悄然间丢失了方向。未来虽然难以预测，却并非是简单地在前面等待我们。未来会是什么模样，终究依赖于我们此时此刻的行动，而为了行动，我们必须努力去想象多种可能性。

因此，对未来的思考不是为了准确地预测未来，而是为了以更敏锐的视野发现当下潜在的各种可能。在保持预判的同时调校预判，如同一个递归的过程。在本书中，我们尝试不断提出问题并阐述思考，而非提供标准唯一的答案。引领这本书的问题可以被概括为：未来人与环境在技术的推动下都将产生影响深远的改变，建筑会以何种方式呈现？这个问题没有简单的回答，因为任何简单的回答反而是对更深层思考的阻碍。

在当下面临的科技革新中，我们迫切地需要更新建筑对未来的想象。建筑学应该以怎样的切入点来设想未来？是水陆空的无限拓展，是外太空的移民竞争，还是绿色生态的统领覆盖？

这些宏大的构想中常常容易忽略一个最为基本与核心的变化，也就是人在技术下的改变。人并非一成不变的原型，身体各方面的机能都能在技术的干预下获得不同程度的改造和增强：人类的生命力和体力可能在生物医疗技术中获得升级，智力将通过脑机结合得到拓展，魅力可以通过基因修改得到完善，感知力可以通过传感器植入和神经技术得到全新的体验。在这种前景中，人类将需要怎样的建筑来生存？需要怎样的建成环境来满足新的生产生活的模式？

在应对人类变化的同时，建筑也面临着环境日益加剧的不可逆的变化。生态的变迁、气候的波动、化石能源的枯竭都是无法忽视的议题，而时空距离的极速缩短、虚拟维度的覆盖弥漫也将重构人居环境的特质。在这种前景中，建筑的围合需要怎样应对自然环境的变化？建成环境与自然环境是否还是对立的两极？

把建筑视作人与环境之间的中介，那么从人和环境的视角出发，便为我们思考未来提供了线索。人的微观尺度和环境的宏观尺度架构起了空间尺度的横轴。而从过去到未来的技术发展则架构起了时间维度的纵轴。书中的五个章节将以这个思考矩阵为基础，递进地阐述对未来的思考。

第一章将讨论技术对人造成的变化。未来技术的趋势是模糊当下我们习以为常的自然生物与人造机器的边界。因此，技术增强人类的方式或许将不再是曾经所设想的半人半机式的"赛博格"，而是一种人造物融入生物身体，生物身体被技术无痕化增强的"新人"。人类面临的技术增强体现出的是人类千百年以来与技术互相影响、互相定义的状态。但这种完全超越自然演化的变化速度带来的或许不只是进化，更是一种异化。

第二章将从微观尺度引向中观尺度——作为中介的建筑。人体增强的趋势体现了技术发展下对机器和生物理解的转变，这种变化在建筑中也有着回响。通过梳理近百年建筑发展过程中建筑学对"机器"和"生物"概念的使用，先锋建筑不仅仅体现出从"机器"

到"生物"的范式转变,也在尺度上体现出突破常规建筑中观尺度,一面缩小为贴近人体的舱体,一面扩大为覆盖环境的巨构。

第三章将继续拓宽空间的尺度,思考在宏观层面,巨构将发生的变化。巨构所体现出的是技术叠加在自然之上的"基础设施",是局限于物质层面的操作。新兴的信息技术和能源技术或许将不仅拓展物质"巨构"的维度,也将信息和能量维度纳入,并针对其僵化的弊端,升级为更为开放灵活的"系统"。"系统"所体现的是人造物与自然物融合后的技术化自然,是与"新人"遥相呼应的"人造地球"。

第四章将思辨当"巨构"升级为"系统"之后,贴近人的"舱体"将面临的变化。这将回到开篇时提到的"新人"和其微小化、无痕化的技术增强。顺着这条思路,曾经义肢化的体外"舱体",将内化为人体增强的"端口",而这些人体端口与环境所形成的信息和能量的连接,不仅将在人与建筑之间产生一种"人即建筑,建筑即人"的全新交往关系,也将为"新人"带来多种不同的生存方式。

第五章将反思前四章所描述的推导,并追问建筑在技术层面之外的意义。或许我们所追求的终极目标不一定是技术加持下的"新人",而是德行意志完善的"完人",我们所希望的生存环境不一定是高效运作的"人造地球",而是赋予生存以意义的"家园"。我们既要清醒地认识到技术进步带来的变化趋势,也需要关注技术带来的负面影响,以积极的行动去构建未来,而不是沉迷于乌托邦式的幻想、反乌托邦式的恐惧,以及进托邦式的麻木。

尤瓦尔·赫拉利(Yuval Harari)在《未来简史》中写道,如果对 21 世纪中叶世界的描述听起来像一部科幻小说,那么他可能是错的。但如果对那时世界的描述听起来完全没有科幻小说的影子，那么他肯定是错的。虽然我们无法确定未来的细节，但唯一能确定的就是一切都会改变。因此，书中所讨论的内容并不是为了给予准确的答案，而是为了通过论述引发思考。在技术突破将汇集成带来颠覆性改变的前夕，这些思考则更显得尤为重要。

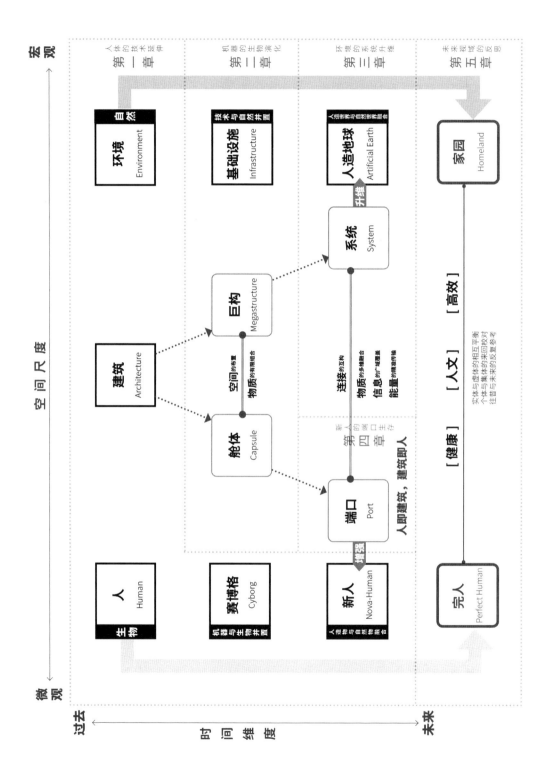

目录

4 新人的端口生存

人体的技术延伸

1.1 人与环境的中介

"人类是什么？"

若要为这个看似简单的问题找到最简短的概括，生物学可以提供一种定义式的回答：人类是自然界中灵长目的一种生物。

"作为人类又意味着什么？"

若要给这个看似与上题大同小异的问题找到当下主流视角中最有说服力的答案，得到的答案却是对上题定义的否定：人之为人意味着超越自然界的束缚，挣脱"灵长目动物"这个生物学的定义。[1]

这两个回答的差异凸显着人与自然环境之间亲切又疏远的矛盾关系。人类作为生物界的一员，脱胎于、滋养于自然环境，但是却又希望通过努力脱离生物躯壳和自然环境的束缚。而"技术"就是实现这一目的的手段。"技术"在书中特指非自然的人造物和其制造的过程。它是人类应对环境的手段，同时也改变着人类在环境中的生存状态。在这种视角下，包括建筑在内的技术发展其实都可以视作是在试图回应"如何塑造人与生存环境之间的关

灵长目（Primates）

哺乳纲下的 1 个目，共 2 亚目 16 科约 78 属 514 余种。灵长目的大脑占比更大；眼眶朝向前方，眶间距窄；手和脚的趾（指）分开，大拇指灵活，多数能与其他趾（指）对握。

系"这个永恒的问题,以何种方式人定胜天,又在何种场景下顺应自然?

在人与自然环境交织对弈的状态中,建筑是两者之间最直接、最重要的中介之一。而建筑的形式则是建立于人与环境的互动关系之上,用以御寒的砖墙与提供互联的元宇宙皆是这种关系的再现。而在这个生物技术和信息技术发展瞬息万变的时代,人类在技术进步的期许中想象着、探究着如何拥有更无所不能的生命和生存方式。地球环境也正一边被持续祛魅和破译,一边又因人类活动而不断迫近不可逆的临界点。因此,当下建筑学中对人、环境的理解都面临着与时俱进的急切需求。这意味着建筑的未来将需要面对与当下、与曾经都大相径庭的基础,建筑学也需要对未来人和环境进行新的审视和预判。

建筑学中也有一系列关于"人类是什么"的回应。达·芬奇画笔下维特鲁威人那种静态的、抽象的人体尺度是对建筑影响最为深远的原型(图1-1)。它被视为宇宙的微观展现和生命的秩序表征。勒·柯布西耶从维特鲁威人中引申发展出作为现代建筑空间尺度参考的模数人(图1-2)。在现代建筑的设计方法中,人进一步被医学、行为学、人体工程学等新科学中所衍生出的知识系统规范化。人体尺度与建筑的关系在许多标准图集中达到极致,其中详尽的人体姿势和活动的尺度被建筑师们看作不可或缺的工具(图1-3)。建筑学中这些对人的描绘与维特鲁威人一脉相承,都是以一种扁平化的、轮廓化的方式出现,把完美标准的人体展示为永恒的准则。[2]在缺乏时空深度与广度的视角中,人体的开放性、可塑性,乃至被技术增强的趋势常常被忽视,被简化为某种单一又永恒不变的原型。

维特鲁威(Vitruvius,约公元前70~80至公元前15年)
公元前1世纪古罗马工程师。

勒·柯布西耶(Le Corbusier,1887~1965年)
20世纪最著名的建筑师、城市规划家和建筑理论家。现代主义建筑的主要倡导者,机器美学的重要奠基人。

图 1-1 达·芬奇笔下的维特鲁威人

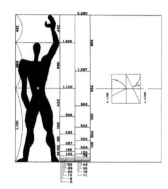
图 1-2 勒·柯布西耶的模数人

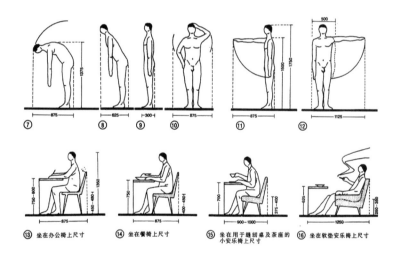
图 1-3 人体工程学中的人体尺度

　　因此，相比上述对于"人"抽象又机械的解读方式，我们需要一种更为具体且兼具历时性的理解。特别是在未来一两个世纪内，在科技或许将给人体带来突破性变革的前景之下，对人的思考更需要时刻关注宏观的技术发展进程。正如加拿大著名学者马歇尔·麦克卢汉的一段著名开篇：

在机械时代我们完成了身体的空间延伸。今天，经过了一个世纪的电力技术发展以后，我们的中枢神经系统又得到了延伸，以至于能拥抱全球。就我们这颗行星而言，时间差异和空间差异已不复存在。我们正在迅速逼近人类延伸的最后一个阶段——从技术上模拟意识的阶段。[3]

对于技术增强与改变人类的各种讨论常常会落脚在一类对于未来未知技术的恐惧，诸如对机器破坏人类物种纯粹性的担忧，或者对机器智慧摆脱人类掌控的不安等。若以历史唯物主义的立场来看，技术的物质存在可以塑造人的意识观念，但生产技术的发展是不可阻挡的历史趋势，怀旧的情感终究抵不过历史车轮的碾压。因此，与其片面地畏惧或鼓吹技术的隐患与潜力，不如直面看待可能的未来场景，给技术以训导，给观念以时间。

技术为人类提供了超越自身限制和挣脱自然枷锁的方式，如果人能够在技术的加持下，不断贴近或实现"人之为人"的意义，也就是超越灵长类生物的自然定义，这也意味着用更高阶的增强性生命来替代生物性生命，成为一种新型人类。

在本书的讨论中，暂时将这种增强人类称之为新人。新人可能会拥有更聪慧的智力、更强壮的体力、更敏锐的感知力、更让人迷恋的魅力，甚至突破人类生命力的极限。面对这种可能的颠覆性人类状态，建筑需要做出怎样的应变？

除了人类可能发生的颠覆，未来的地球环境也面临着极大的不确定性。在当下的建筑学中，对环境的常规的理解与操作仍然处于定量地把环境在"绿色生态"概念的指引下转化为局限范围内日照、风向和降雨量等的各类控制因素，或是定性地把环境在"场所"概念的复魅下诗意化为富有地域和人文寓意的创作基础。

然而，建筑所面临的未来的环境变化挑战，似乎已是迫在眉

马歇尔·麦克卢汉（Marshall McLuhan，1911~1980 年）
加拿大媒介理论家，对传播的研究进行了独特的探索，试图从艺术的角度来解释媒体本身，而不是用实证的方式来得出结论。他总结出广为流传的结论："媒介就是讯息""媒介是人体的延伸"。

睫需要思考的问题。人类对环境的干预在以一种令人难以置信的速度扩张。保守估计到 2050 年，地球上大部分表面都将被城市化进程和农林畜牧业加速扩张的人造环境所覆盖。看似没有人工痕迹的海洋和沙漠实际上也遍布着越加密集的航线、电缆、油管等连接着人造环境的基础设施。这些基础设施能够把自然环境转化为可居、可游、可利用、可消耗的人工环境。

建筑是人类针对环境所做出的适应性活动。建造活动是地球自然环境到人造环境的变更过程。人类对自然的干预已经造成了深刻而全面的影响，并在越加广泛的信息覆盖和密集的能量传输系统之中进一步被系统化为一种"人造地球"。在地质变化的视角下，许多科学家警告人类活动对地球生态环境的影响正在接近关键性的临界点。[4] 面对这种不断逼近的未来，建筑又需要怎样应对充满未知变化的环境？

本书希望探讨和回应的问题是：技术的发展会将人与建筑带向何方？在当下，对这个问题的思考不应该仍局限于既有范式。较百年之前，我们所面临的未来，无论是环境或是人，都失去了能够保持平稳而一成不变的发展速率，更加深刻的颠覆性的变化可能正蓄势待发。因此，对未来的关注应该回到建筑作为人与环境之间中介的出发点，关注更为根本的人与环境的变化。

这一章将先聚焦技术对人的改变与增强。人与技术有着怎样的互相依赖的关系？人类在技术的增强下可能发生怎样的变化？人类自然的躯体将如何与人造的技术相结合？人体增强是否是一种历史的必然，又将带来怎样的颠覆？这些将是引领这一章思考的问题。

1.2 人的机器重构

赛博格式的增强

近年来，不少或是令人兴奋的，或是耸人听闻的科技新闻拼凑出一幅幅人类将通过技术增强自身的图景。善于制造轰动新闻的埃隆·马斯克（Elon Musk）旗下的 Neuralink 脑机接口就是一个关注度极高的例子（图 1-4）。脑机接口试图基于脑科学对人脑的破译和微型植入技术的发展，在人脑中植入芯片，以此实现人脑与外部设备之间的信号传送和信息交换。在经历过动物实验后，报道称其正在酝酿人体的临床试验。[5] 脑机接口的初衷是攻克癫痫、瘫痪、帕金森症等与脑科学相关的医疗难题。但在治疗的基础之上，相同的技术逻辑也意味着人脑通过脑机接口的拓展，将有可能得到更强的信息收集和运算能力，甚至与计算机系统融为一体。

如果说 Neuralink 脑机接口在其一次次时间节点承诺上的食言让其仍显得过于天马行空，那么有着广阔的市场规模的外骨骼（Exoskeleton）研发则更为百花齐放。外骨骼不仅仅可以协助残疾人士行走，也能减少人类行走奔跑或提举重物时的消耗。虽然它也处于起步阶段，但无论是针对军用的 Sarcos 公司或是民用的 Cyberdyne 公司都曾推出商用的产品（图 1-5）。近期加拿大安大略省金斯敦女王大学（Queen's University at Kingston）的科学家联合开发出了一种仅重 0.68 公斤的轻型外骨骼，它可以收集人类行走时提腿的能量，为下一次的迈步助力。通过外骨骼收集行走时的机械能并将其转化为电能，这也意味着未来人类将有可能摆脱对固定电源的依赖。[6]

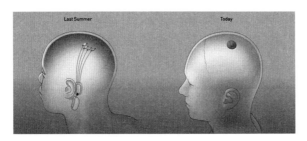

图 1-4　Neuralink 脑机接口

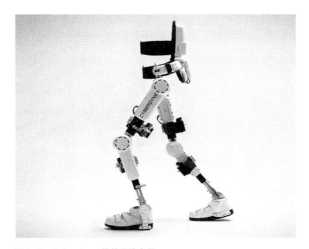

图 1-5　Cyberdyne 的外骨骼产品

　　脑机接口、外骨骼等外挂在人体外的增强设备把那些曾经在科幻中出现的形象拉近到我们生活的世界。实际上，这种人机结合、半人半机式的增强构想都延续着 20 世纪 60 年代产生的"赛博格"的先锋想象。

　　"赛博格"（Cyborg）是英文"控制生物体"（Cybernetics Organism）这个合成单词的音译，它所强调的是植入的人造物需要融入自然生命体的反馈循环，即外部刺激能反馈回中枢神经控制系统，正如脑机接口的芯片能与大脑形成反馈，外骨骼的运动能与人的神经系统形成反馈。"赛博格"式增强的开端可以追溯到 20

世纪 20 年代使用胰岛素来控制糖尿病患者的新陈代谢，以及 1953
年的第一次心肺机器植入和 1958 年第一次起搏器植入。

　　"赛博格"被正式定义的 20 世纪 60 年代正好是"二战"后
美苏争霸的年代，对未来的狂热畅想是那时西方的时代精神。"赛
博格"可以被视作是美国阵营中高效自力的尖端技术展示。它是
由美国科学家曼弗雷德·克莱因斯（Manfred Clynes）和内森·克
兰（Nathan Kline）于 1960 年发表在《宇宙航行学》（Astronautics）
的文章中首次提出。他们设想常居于太空的宇航员的心脏可以通
过注射苯丙胺来解除忧郁和疲劳，而肺部功能则可以被核动力的
燃料细胞取代（图 1-6）。面对地球外人类难以生存的环境，当营

苯丙胺（Amphetamine）
分子式为 $C_9H_{13}N$，为中枢神经
刺激剂，研发初期未被明确禁
止，现已被列为毒品。

图 1-6　能在太空中生存的赛博格

造人与环境之间的建筑中介的成本过高而效率过低时，把中介对环境的调节功能内化于人体则成为另一种看似可行的途径。

赛博格这种对人的内化性改造，替代了在陌生环境中通过营造建筑这层中介来获得适宜的生存环境的思路。这在 20 世纪 60 年代的先锋建筑思潮中也得到了回应：构想能够与人体高度结合的舱体一般的建筑。

活跃于 20 世纪 60 年代的英国建筑电讯派在 1965 年至 1968 年设计了一系列自给自足的，与人类紧密结合的"舱体"。迈克·韦伯的气垫车（Cushile）将住宅建筑变成了一种依附于人体，契合于人体的"收缩帐篷"。它由一个布满设备的底座和可充气的围合所构成（图 1-7）。气垫车的底座犹如人的脊柱，包含供热设备，可以模块化置入的食物和水源。头戴设备则是包括收音机和电视等实时接收信息的装置。这个贴近人体的"舱体"试图将机械系统与生物系统结合在一起，提供一种贯通人与机械并能够形成即时反馈的生存环境，时刻顾及能量摄入、新陈代谢和通信沟通的需求。建筑由此被设想为科技化的身体，成为一种可以与人相互依靠的合体。相似的案例还有 20 世纪 60 年代活跃于维也纳的先锋建筑团体蓝天组和建筑团体豪斯拉克科。他们的作品将建筑舱体进一步转化为附着于人体的便携式硬件。建筑不只是遮风避雨的围合，更是过滤外部信息干扰并保证私密领域的保护层。这些曾经的未来畅想都挖掘了身体作为建筑的潜力，让建筑成为增强身体感知的改善性媒介。

现在看来，蓝天组的头戴设备、韦伯的气垫车都可以分别看作是脑机接口和外骨骼的一种建筑式的初级想象（图 1-8、图 1-9）。在未来技术的趋势中，这些想象中"赛博格式"的机器外挂或许能进一步微小化、轻便化，不再是半人半机的拼贴，而是人造设

电讯派（Archigram）
由沃伦·查克（Warren Chalk）、彼得·库克（Peter Cook）、朗·赫伦（Ron Herron）、丹尼斯·可朗普顿（Dennis Crompton）、戴维·格林（David Greene）、迈克·韦伯（Michael Webb）六人所组成的建筑团体，活跃在 20 世纪 60 到 70 年代。名称基于电报这个单词，显示一种紧急性和图示性。1961 年 5 月《建筑电讯》（Archigram）杂志创刊。

蓝天组（Coop Himmelblau）
1968 年由沃尔夫·德·普瑞克斯和海默特·斯维茨斯基在奥地利维也纳成立的先锋建筑团体，其激进的、实验性的探索手法是解构主义建筑的典型代表。

豪斯拉克科（Haus-Rucker-Co）
1967 年成立于奥地利维也纳，试图打破传统建筑的禁锢，把建筑视作人类与世界、个体与个体之间的联系媒介，是身体、知觉与自然之间的桥梁。

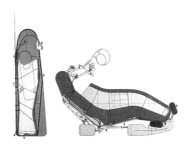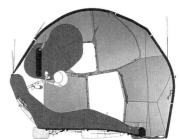

图 1-7　迈克·韦伯的 Cushicle 项目

图 1-8　蓝天组 The White Suit Project　　图 1-9　Haus-Rucker-Co 的头盔装置

备与生物身体无痕化的融合。

原始棚屋的再思考

在进一步思考从半人半机的"赛博格"到人机融合状态的迭代之前，需要把注意力再次放回到赛博格构想的起源，也就是如何改造人类以适应太空中的极端环境。

赛博格式的生存构想试图摆脱千年以来建筑的"沉重"围合，原本用于抵御自然界难以预测的气候与危险的"原始棚屋"构筑物转变为一种与人体高度结合的具身性增强。因此，"赛博格"和建筑学中的"原始棚屋"看似毫无联系，但实际上都是人类通过技术克服自然生理局限来更好地适应环境的体现。赛博格式的生存动摇着建筑学中"原始棚屋"式的思考范式，突破了建筑作为一种围合式的庇护来实现适宜生存的微环境模型。

作为建筑学思考的基石，"原始棚屋"是无法绕过的话题。"原始棚屋"的概念折射出建筑学者对人类种种建造原型和行为的解释，在更广义的视野下，这种建造行为的本质则是意在增强人类自身对自然环境的适应性。因此，"原始棚屋"建造原型与"赛博格"的人体增强看似形态迥异，实则皆是不同背景下为追求这同一目的而做出的不同尝试。

"赛博格"为反观"原始棚屋"带来了一种新的视角，即越过"原始棚屋"的建筑原型和建筑概念，去关注其背后的技术过程，关注其所呈现出的建筑作为人与自然之间中介的效应。通过将充满对未来想象的"赛博格"与充满对过去推测的"原始棚屋"进行对比，可以发现其中所体现的人与技术的相互作用的线索，进而思考其

围合的庇护（Enclosed Protection）

公元前 1 世纪古罗马建筑师维特鲁威在《建筑十书》中对建造起源的描述可以被总结为：建造是为了躲避风雨侵蚀和对自然构成物的模仿。19 世纪晚期英国建筑史学家巴尼斯特·弗莱彻（Banister Fletcher）也在其著作《建筑史》（A History of Architecture）中提出类似的观点：建筑是人类最原始的提供防御天气、野兽和敌人的保护的方式。

原始棚屋（Primitive Hut）

是对建筑起源的探究，也是对人类起源和人之为人的思考。在热衷于追溯事物起源的 18~19 世纪的欧洲，原始棚屋是那时建筑学的关键问题。建筑史学家约瑟夫·雷克沃特（Joseph Rykwert）总结道：对原始的关注是对建筑基本原则的永恒关注。

中所蕴含的人与技术相互依存的关系。

    建筑学中最为著名的原始棚屋的构想，都诞生于 18~19 世纪的欧洲，中间间隔了一百多年，却描绘出两种完全不同的图景：

    1753 年法国建筑理论家洛吉耶所描述的"原始棚屋"强调了建筑理性的结构，屋顶作为唯一的非自然物，是结构的难点，也是人造物施加在自然物之上的技术创新（图 1-10）。洛吉耶的"原始棚屋"体现出西方启蒙主义的思想，建筑的智慧女神向人类指出自然被驯化利用之道，而建筑的产生则可以继续教化和启蒙人类，推进人类文明的进步。

    1872 年，法国建筑理论家维奥莱·勒 - 迪克则提出非常不同的"原始棚屋"的描述（图 1-11）：建筑的产生是一种体现合作精神的群体行动。原始棚屋在他的构想中巧用了自然物，而没有

洛吉耶（Abbe Laugier，1713~1769 年）
法国耶稣会教士和新古典主义建筑的重要理论家，在 1753 年的论文《论建筑》中提出"原始棚屋"的理念，对建筑界影响深远，将古典主义的理性优势联系到原始的棚屋结构上。

维奥莱·勒－迪克（Viollet le-Duc，1814~1879 年）
关注新材料应用与结构创新，促进了 19 世纪建筑观念由浪漫主义向唯物论的转移。他同时致力于法国中世纪建筑研究，在哥特建筑修缮工作上崭露头角，主导修复了包括巴黎圣母院在内的许多中世纪建筑。

图 1-10 洛吉耶的原始棚屋

图 1-11 维奥莱·勒－迪克的原始棚屋

人造物的刻意叠加，生长着的树木被聚拢在一起，棚屋上方生长着的枝叶体现出人造环境融入自然环境的状态。

　　然而在现实中，完美的"原始棚屋"原型是缺乏考古证据支撑的。目前发掘的最早的人类建造物遗迹是1966年在法国的泰拉·阿玛塔（Terra Amata）发掘的距今约40万年前的棚屋遗址（图1-12），考古学家通过对柱洞、石灰岩和火塘遗存的发掘，复原出一个最长处15米、最宽处6米的椭圆形棚屋。[7]考古发现的散落在世界各地、不同形态和材质的远古棚屋也展示了其地域性和多样性的特征。在乌克兰曾发掘出一系列2.7万年至1.5万年前冰河时代的棚屋（图1-13）。它们由猛犸象骨骼堆积和少量木制骨架搭建，考古学家推测这是由木材的稀少所导致。[8]这些考古发掘都与建筑师所构想出的"原始棚屋"相差甚远，它们形态的不规则性和材料的随机性都反驳着建筑理论中完美的"原始棚屋"原型。

图1-12　泰拉阿玛塔遗迹复原图

图1-13　乌克兰猛犸象骨骼棚屋复原图

　　因此，对"原始棚屋"的思考或许应该脱离对建筑原型的执念，而将其视作技术性过程来思考。技术性过程意味着建筑的产生不应是瞬间的创造，而应被视为一个漫长的、与人类进化环环相扣的历程。正如法国哲学家贝尔纳·斯蒂格勒所提出：石器技术的进化是如此缓慢，以至于我们难以想象人是这个技术进化的发明者和操作者，相反，我们甚至可以假定人在这个过程中被逐渐塑造。因此，包括建筑在内的技术和人造物不仅是大脑思考的成果，或是体外的道具，它们的产生不仅是为了完成某项已知的任务，更是对大脑的驯化、对人体潜移默化的改造路径。[9] 因此，技术过程视角下的"原始棚屋"强调了建筑对人与自然的双向影响，建筑不仅只是向外改造着环境，更是向内影响着人类演化。

在这个视角下，"原始棚屋"的产生让人与自然产生了有限度的隔离。人不再以单独的个体存在于无限的自然空间当中，这也让人有了占有空间的需求，并不断扩大领地的欲望。同时，建造过程中发明和使用的工具，对人的演进也产生着潜移默化的影响。人从树干上的栖息到几片枝干的围合，从土坡上的掘洞到几块石头的垒叠，从开始使用工具到搭建起棚屋，这个过程历经了百万年的技术积累和大脑意识的转变。从这个角度出发，"原始棚屋"不单只是一个物理的躯壳，它是远古时期人之所以为人的催化剂，是定义人存在和身份的重要构成。可以说人类建造了建筑，建筑也创造了人。

由此，"原始棚屋"和"赛博格"有了概念上的交集，它们都是人类利用技术手段重新定义身体与环境的边界。而这种边界的产生过程也都体现出人与技术的相互依赖，相互定义，甚至相互重构，形成越来越深刻的耦合关系。[10]

斯蒂格勒也指出人的生存不像其他动物那样有固定的、赖以生存的技能，只有借助技术去生存。[11] 技术可以理解为人体的"代

贝尔纳·斯蒂格勒（Bernard Stiegler，1952~2020 年）
当代法国哲学家，德里达的门生。1992 年在德里达指导下于法国社会科学高等研究院获博士学位。2006 年开始出任法国蓬皮杜国家艺术文化中心发展部主任。不仅继承了工程学流派的西蒙栋、现象学流派的海德格尔，还引入了人类学流派的勒鲁瓦·古兰等，提出了对技术概念的独一无二的全新思考，揭示了生命-技术之间一体化的关系。

具"，是人体器官的延伸，是从人的身体技巧中逐渐发展而来的。从这个角度来看，"原始棚屋"和"赛博格"都可以看作是人类"代具"，表明人体与人造物所组成的生存单元需要被视作一个整体。

英国哲学家安迪·克拉克一语道出"赛博格"这个概念不仅只是未来技术加持下的想象，相反，人类自然而然即是赛博格（Natural-born Cyborg）[12]。因为人类自身生命形式的不足需要利用人造物来弥补，以提升在自然环境中的生存几率。从这个角度来看，"原始棚屋"甚至可以看作是赛博格趋势最原初的铺垫。

从"原始棚屋"中所反映出的人与技术在漫长的进化过程中相互依赖的哲思，到"赛博格"中所反映的人通过技术自我增强的直观展现，都是人类试图超越自然身体局限、摆脱"灵长类动物"定义的尝试，是人造物与人类自然身体的相互影响的过程。

两种技术思维

"赛博格"与"原始棚屋"都可以视作人类生存的技术"代具"，是人类试图建立的一种适应环境的中介。赛博格所体现的技术是在加速叠替的技术革命中与人体高度结合的，立竿见影式的弥补和增强。原始棚屋中所体现的技术则是在漫长的远古演化阶段潜移默化的进化般的互动。这两种技术形式有什么深层次的不同？

人类学家列维-斯特劳斯在《野性的思维》（*The Savage Mind*）中提出两种不同的技术思维，分别被形容为"修补匠"和"工程师"。工程师思维的历史较短，而修补匠思维则有数千年。[13] 这两种技术思维模式点明了赛博格与原始棚屋所蕴含技术的深层不同。

工程师的思维方式是缜密的、自上而下的，它通过人的理性构建起一套固定的、系统的、功能明确的知识体系，来解决与这

人体器官的延伸（Extension of Human Organs）
类似的思考可以追溯至安德烈·勒鲁瓦-古汉（Andre Leroi-Gourhan）的外化理论（Exteriorization），恩斯特·卡普（Ernst Kapp）的器官投影说，以及乔治·康吉莱姆（Georges Canguil-hem）的一般器官学（general organology）。

安迪·克拉克（Andy Clark，1957~）
爱丁堡大学哲学教授，他否认封闭自我的观念，认为人类的意识与其他动物的差别在于人类具有一种能够把技术和工具整合进我们的思维之中的能力。如果不会使用这些工具，我们就不可能有今天这样的思维能力。

套知识相关的问题。而修补匠的思维方式是即兴的、自下而上的，通过将遇到的各个具体事件分解和组合，纳入一套带有非理性色彩的、需要不断调整的实施过程中。

洛吉耶和维奥莱·勒－迪克所描绘的棚屋原型实际上也体现出"工程师"和"修补匠"思维的差别。洛吉耶所强调的系统建造方法和工具，越发显示出启蒙主义思想下的"工程师"式的思维，而维奥莱·勒－迪克所展现的建造的随机性和在地性，呈现出"修补匠"利用手边现成之物即兴发挥的过程。

因此，"修补匠"思维和"工程师"思维实际上也是人类对待自然环境截然不同的两种态度。"修补匠"意味着与环境的互相适应和调整，是顺应自然；而"工程师"则暗示着对环境的控制与征服，是改造自然，是人类试图超越自然束缚的体现。

在过去三个世纪中，理性的"工程师"思维在自然科学中取得的突破性成就推动了工业时代的技术更迭。在"工程师"思维的世界观之中，人类可以利用科学去发现自然中隐藏着的规律，以此驯服自然并改造自然，进而不断推动社会的发展进程。理性思考形成了一种对自然的"祛魅"的态度，它不再相信自然中不可解释的力量与精神，而是利用机械式线性思维所推导出的因果关系和规律来理解未知的世界。[14]在这种思维模式下，人类不再满足身处于有序轮回却不进步的自然环境，而渴望置身于线性向前不断突破的新世界。

相比于"修补匠"式技术在人的演化中缓慢的、潜移默化的影响，"工程师"式技术的迅猛发展在这种从顺应自然到改造自然的思维转换中，不仅对自然环境产生了广泛的干预，也会试图直接高效地升级作为自然生物的人类。"赛博格"就是这种技术思维的集中体现。

克洛德·列维－斯特劳斯（Claude Levi-Strauss，1908~2009年）
法国人类学家，结构主义人类学创始人和法兰西科学院院士。他的研究主要集中在亲属关系、古代神话以及原始人类思维。受结构语言学的框架启发，他从大量庞杂的生活现象中捕捉不为人所察觉的结构性的"关系"，并将之整合为一个完整的思维系统。

《野性的思维》（The Savage Mind）
首次出版于1968年，含有大量的田野考察资料，系统深入地研究了未开化人类的"具体性"与"整体性"思维的特点。认为未开化人的具体思维与开化人的抽象思维没有高下之分，而是平行发展的两种思维方式。

超越赛博格式的增强

赛博格式的人体增强，从 20 世纪 60 年代的设想至今，除了成为科幻题材中的常客外，在现实中十分罕见，并未成为主流的技术手段，仅仅是属于少数科学狂人和行为艺术家。究其原因，赛博格式半人半机的增强机制不仅面临着技术的壁垒，也难以平息人们心理的忧虑。人体的碳基生物细胞与机器的硅基构件之间还有着明显的鸿沟，人体对各类植入性设备容易产生免疫性排斥。此外，赛博格式的技术拼贴也意味着需要对完整身体进行不可逆的切除、植入和替换等操作。这些都是赛博格式的人类未能成为现实的原因。

但基于唯物史观的认识，物质的变化可以扭转意识的认知，技术的迭代往往也伴随着观念的更替。人类超越自然限制的欲望接下来将通往何方？

如今，信息技术和生物技术交融性的指数级发展中，人造物与自然物的分界正慢慢被技术的桥梁衔接，人造物不再局限于硅基的外在工具，而获得了成为具有生物属性的合成生物的可能性。这种趋势为原本机械式的赛博格增强提供了新的思考路径。

在器官层面，不少人体器官已经逐步有了合成的人造替代品，它们或是由 3D 生物打印技术制造而成，或是通过提取人体的胚胎干细胞来进行复制甚至是通过基因技术编辑其他生物的器官。2022 年 1 月，马里兰大学医学院心脏移植团队首次将基因改造的猪心脏移植到患有终末期心脏病的成年人体内，患者依靠猪心脏继续维持了 2 个月的生命。研究团队对供体猪心脏使用了 CRISPR/Cas9 基因编辑技术，它降低了人体免疫系统的攻击性排异反应，提高了猪心对人类免疫系统的耐受性，并防止移植后猪心继续生长。[15] 这颗通过自然生物生长和人工基因编辑技术所产出的"人造器官"，正是一种自然物和人造物融合的范例。

在细胞层面，2020 年初诞生了首个由非洲爪蟾细胞作为物质基底的生物机器人（图 1-14）。这种生物机器人不是由人造的硅基构件组成，而是活的生物体。它可以在指令下进行定向移动，遇到同类时可合并，遭破坏时可自愈。拥有生命的生物机器人可以在细胞尺度上在算法信息与生物运动之间形成反馈，将机器可控性优势和生物自主性优势结合在一起。[16]

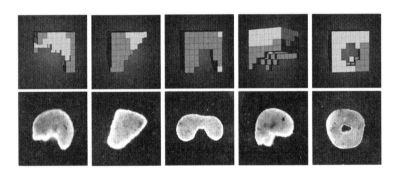

图 1-14　生物机器人 Xenobot

生物机器人（Xenobot）
由美国佛蒙特大学、塔夫茨大学和哈佛大学科学家合作完成。这项研究探究了计算机设计生物的可能性。这种细胞机器人可在水性环境中无需额外营养存活 10 天。当机器人停止工作时，它们会无害地降解。如果能够实现用患者自己的细胞制造机器人，这项技术有望用于体内药物递送。

纳米机器人
DNA 链的预编程，以预设的方式折叠，制造出纳米级别的机器，在人体内产生特定的作用。

这种生物机器边界模糊的新物种将有着非常多的应用场景，纳米机器人就是其中之一。不少未来学家都设想由细胞构成的纳米机器人可以如药片一样进入身体，成为人体内的清道夫，实时监测健康状况，传导人体各项体内数据，在疾病产生前发出提醒和预防，并疏通血管，攻击并杀死病变细胞。纳米机器人的生物属性甚至有可能绕过身体的免疫机制，成为人类体内的一部分。这是在免疫的视角下人造物与人身体的融合、边界的模糊。纳米机器人还能够储存氧气，与肌肉结合，增强肌肉力量[17]，应对更极端恶劣的环境（极端高温甚至短期缺氧）。

细胞层面的研究也给攻克衰老带来了希望。研究发现人体内存在着"衰老细胞"，它们会导致轻微的炎症，抑制正常的细胞修复机制，并且置邻近细胞于有害环境之中。而清理这类细胞则为"长寿药物"（Senolytics）的研发提供了路径。医药公司联合生物科技（Unity Biotechnology）便试图开发小分子药物来选择性地清除衰老细胞。谷歌旗下的老龄研究中心 Calico 发现可以通过对 eIF2B 蛋白质的干预实现对衰老的靶向修复和逆转。[18] 未来学家们对人类"打败死亡"抱着非常乐观的预测，有人说时间节点是 2100 年，有人说是 2200 年。雷·库兹韦尔甚至认为这个时间节点是 2045 年。[19]

在基因层面，用于治疗癌症的通用型免疫细胞疗法也是在基因尺度对生物进行工程化升级的典型体现。这种疗法通过提取人体免疫系统中的"杀手"T 细胞，利用基因编辑技术在其中加入新的 DNA 结构使其成为一种活体药物，并以此来攻击患者体内的恶化细胞，满足治疗的需求。作为抗癌的有效疗法，不少医药巨头都在此布局，最早进行这方面研究的法国生物制药公司 Cellectics 已经开始临床早期试验。

基因层面的技术突破往往伴随着不少争议。无论是通用型免疫细胞疗法、抗衰老手段，这些用于疾病治疗的基因技术都是针对不可遗传的体细胞进行编辑。这种基因治疗通过数十年的实践积累了丰富的监管和研究经验，因不影响后代和人类的基因库，在伦理学和科学共识上并没有太大争议。

更进一步利用基因技术对可遗传的配子及早期胚胎进行编辑则是伦理上非常具有争议的敏感议题。理论上，基因修改能够实现

雷·库兹韦尔（Ray Kurzweil, 1948~）
美国科技预言家，谷歌技术总监。他的著作《奇点临近》提出了著名的"加速回报定律"。该定律指出技术进步会呈指数级增长。今日技术是明日科技基石，因此随着技术发展得越来越复杂，明日科技提升的速度也就越来越快。

人类对后代智力和相貌的编辑。对人类可遗传基因的编辑是人类第一次有技术能力主动地影响自然进化。一旦对人的早期胚胎进行基因编辑，将会影响胎儿的每一个细胞和它未来产生的精子或卵子，也就是胎儿的所有后代。2018 年的贺建奎事件，正是因为其涉及人类可遗传的胚胎基因编辑才引起巨大的争议和抵制。毕竟，自然演化具有天然的正义性，而人工基因干预下的增强进化，则需要小心翼翼地反复多方论证其利弊。

这些增强技术将不再是 20 世纪"赛博格"构想中将冰冷的机械嫁接并置在人体之上的半机半人形象。在高精尖的新型材料探索中，未来的人造物将越加体现出生物机能与机器机制的融合。越来越多的增强技术能够与身体精准融合，它们甚至可能和原生的器官一般，不再是用人造机械体来替换自然生物体，而是将原本的自然物升级为人造的自然物，以此弱化人类心理对陌生技术的恐惧和对异体的排斥。

以上的各类技术案例，体现出人类在生命力、体力、智力、魅力和感知力方面的增强欲望。人类生命力的增强意味着对寿命极限的突破；体力的增强意味着对身体机能的优化调整；智力的增强意味着对信息处理的提升；魅力的增强意味着个人形象和社交能力的提升；感知力的增强意味着视觉、听觉、嗅觉、味觉和触觉的拓展。这些技术都试图以更为无感、更易被接受的方式增强或弥补肌体的局限。这种增强摒弃了赛博格式拼贴所产生的夸张视觉形象，形成了一种外表看似与当下的人没有差别、但却在各方面都有着深刻变化的"新人"。"新人"模糊了生物与机器的边界，或许就是人类在挣脱"灵长目动物"的努力中要实现的一种终极想象。

1.3 人的未来

新人的进程

上文描述了一系列人类与技术交织发展的片段：远古时期人类与"原始棚屋"的互相定义，科幻赛博格中人类与人造物的互相构成，未来新人中人类与技术、生物与机器的完全融合。这些图景在技术发展的线性矢量的连接下勾勒出了一条人类从远古到未来的轴线。轴线上有两个理想化的端点：一端是远古初原的"自然人"，是想象中还未开始被技术改变的状态，有着 100% 的"自然属性"；另一端则是未来颠覆的"新人"，是预设中被技术完全升级的未来人类，"自然属性"趋向 0。自然属性越高越表明技术代具缺失，意味着生存力越弱。人造物和技术在不断对人的"自然属性"产生升级和替换，以达到生命力、体力、智力、魅力和感知力的增强，成为一种全部被设计的、被升级的状态，就如当下各类药物、眼镜、跑鞋、芯片、时装以及 VR 技术已经对我们做到的那样。

0 和 100% 都是理想化的状态，像反函数一样无限逼近却可能无法完全达到。因此，自然人和新人不是历史时间上的概念，因为它们在历史上无法锚定，而更像是哲学的思辨。自然人是一种形而上的原型和构想，是一种关于追溯人类"初原"状态的思考。那种状态是先于技术所带来的质变、沉沦和混杂。然而，人之为人就在于摆脱了自然的状态。新人也是一种基于当下人类需求和欲望的完美构想，是人类改造自我的极端形式。这种极端的形式或许将是一种"改头换面"的新物种，他的心智与愿望，也将是一种当下的人难以预测的状态。

虽然新人和自然人都是理想化的原型，是难以追寻、难以触及的状态。然而，从自然人到新人之间的过程是非形而上的技术性实践，是人类为满足身心欲望而引导技术探索的体现。当满足来得愈发轻而易举时，如何不被欲望反噬则成为值得警惕的议题。人将以何种方式通往何处，逐渐由一种哲学思辨变为了一个现实问题。从人类的起源和可能出现的人类的"终结"来反观人类当下看似稳定不变的状态，不仅是对未来的展望，更意味着对当下的反思。

赛博格可以看作是人与新人之间可能出现的中间状态。赛博格是人与机器之间还存在着明显界限的状态，人造物与自然物之间的间隔还非常明晰，而新人则是人造物与自然交融的状态。"自然人"是生物，"赛博格"是机器与生物并置，"新人"则是机器化的生物，或者说是工程化的生物。

人在生命力、体力、智力、感知力方面的增强，意味着需要摒弃对人固化的理解，意味着需要预判变化巨大的生存方式，意味着需要反思将引发的连锁反应。

对"新人"的思考虽然是抽象的，似乎离当下的世界还很遥远，但通过与"奇点"时刻的结合，"新人"则可如在望远镜般视角下被拉近。"奇点"最为通俗的理解是人工智能超越人类智能，能够产生自我进化的临界点。奇点即是人类与技术之间的依赖关系不断深化的体现。库兹韦尔在其著作《奇点临近》中把奇点定格在 2045 年。颠覆性的变化将在 20 余年后产生，这似乎有些耸人听闻，但在各类技术呈指数级增长的前景中，20 年又似乎不再显得漫长。毕竟，人类在 21 世纪这 100 年中的进步，将相当于人类20000 年的进步总和。如果真如奇点所构想的那样，当技术增长的不可逆与不可控将人类历史引入奇点的时刻，旧的现实范式被抛弃，我们熟悉的生活将不复存在，人类文明又将发生怎样的巨变？

难以刹车的进程

人类自我增强的过程无疑夹杂着种种未知的风险。人类对自身的改造是否会导致人的意志被侵占？是否会导致由生老病死所奠定的文化根基被遗弃？是否会导致与生俱来的、日积月累的生活知识被剥夺？是否会导致技术最终完全取代人？这些技术颠覆无疑将带来许多抵触与恐惧。人类有可能为规避未来的风险而停缓增强自我的步伐吗？人类有可能对这些发展加以合理的限制和管控吗？

从社会群体的视角来看，在当今的政治经济体系中，经济发展需要依靠科技创新来持续增长。科技如果不进步，国家与国家之间的博弈就只能在争夺存量市场中进行残酷的零和游戏。而科技突破则能够让各国在增量中分到新的利益。只要人类还没有找到替代以经济发展作为社会和国家的支撑方式，就难以改变对发展和进步的信仰。而这些科技发展的方向则将围绕着人类追寻"更高、更快、更强"的欲望。[20]

同时，当下技术市场已经全球化，政策却难以突破国家化的局限，新技术的发展速度和复杂性已经使得国家的公共力量很难进行有效调控，在经济势力和游说集团的挟持下则更难以裁决。[21] 在当下的气候变化的大背景下，潜伏着的生态危机和能源危机可能在极端气候变化下一触即发。在这种前提下，政府管理机构是否还会谨小慎微地处理科技发展过程中的伦理和限制问题？还是会鼓励技术发展来寻找减缓当下问题的方案？

从人类个体的视角来看，当前的人类通过启蒙运动和工业革命的进程，拥有了更多定义自我的主动权，弱化了风俗和信仰的限制。当下新自由主义经济的思潮更加加剧了个体的自主选择，

新自由主义（Neoliberalism）

一种经济和政治学思潮，反对国家和政府对经济的不必要干预，强调自由市场的重要性。不同于经典自由主义，它提倡社会市场经济，即政府只对经济起调节以及规定市场活动框架条件的作用。在国际政策上，它强调开放国际市场，支持全球性的自由贸易和国际分工。新自由主义者反对社会主义贸易保护主义、环境保护主义和民粹主义，认为这会妨碍个人自由。

每个人都是经济竞争中的参与个体，每个人都需要不断追求自身的完善，都需要为自己打造出最为理想的状态。由此，这些曾经的欲望和狂想被赋予了理性的外衣，也掩饰了其中利己主义的贪婪本色。人类对突破自然身体局限的渴望，以及趋利避害的生存需求和对便捷美好生活的向往都是人类不断改造自然、改造自身的原动力。尽管改造会给社会、给个人带来无法估量的危险，但在人类文明向更高阶形式进步的追寻下，在人类个体向更高级存在攀升的欲望中，对人体的探索和改变都难以被抑制。

人类有可能因为对技术的怀疑而停缓增强自我的步伐吗？在人类自我增强的过程中，逆向的抵触也必然存在。的确有不同社会、不同文化和不同体制下的群体对技术的怀疑。也有在特定的宗教和文化中，对技术的全盘拒绝，如阿米什人、哈西德派犹太人等。在新冠肺炎肆虐全球期间，仍然有不少群体坚持对疫苗抵触的态度。这虽暴露出不同社群和个体对技术和现代性进程的怀疑和抵触，但随着时间的推移，疫苗的接种率在不断上升，这些抵触的个例也难以形成压倒式的抵抗阻力。

以人工智能和生物技术为手段的升级无疑将面对许多的疑虑。但这些疑虑是否能够抵抗技术所蕴含的巨大诱惑？假设有人通过纳米机器人技术获得了更加健康的身体，那么问题的重心是否就变成了如何弥合潜在的身份割裂和阶级分化？人类会不会在这种趋利避害的诱惑中被唆使和诱导，互相比较、互争利益、唯恐落后？是否会由于社会压力而沉迷于军备竞赛式的科技竞备之中？毕竟这些曾经需要付出艰辛努力而获取的能力，可能在新的技术面前变得轻而易举。与此同时，所有工具都附带很强的依赖性，以至于一旦习惯就无法接受失去，就如电力、网络一样。在压倒性的技术浪潮中变成必须，迫于社会的竞争和压力，人类的增强是否会变成一种舆论下的强迫？

因此，我们需要反思人类在生命力、体力、智力、魅力和感知力上的追求，到底是人类演化过程中的必然需求，还是工具理性下以结果为导向的单向需求？又或是消费时代资本灌输与操控下所产生的虚假需求，正逐渐把人的身心器官异化成为永久的消费动力？或是不自觉地逼迫自我规训，开启无止尽的自我异化的加速进程？

在未来，相关的技术争辩将会日益突出，成为人类社会治理的重大挑战。如果现代思想所奉行的技术发展和其形成的路径依赖没有在思想结构的层面产生根本的变革，那么向"新人"的推进似乎是一种历史发展的必然，不以个别人的意志为转移。人的自我增强在未来会不可避免地引发诸多深刻的问题，关注的焦点就应是如何制定让绝大部分人类都能得到技术红利的规则。

演化、进化与异化

关于"新人"的推断也引出一个更大的问题：人类作为一种生物将遵循怎样的变化？我们现在熟悉且接受的理论是达尔文式的演化，是一种在漫长的时间历程中因物竞天择盲目随机的基因变化所导致的群体演化。而新人的出现则意味着将"技术"这种在人类演化过程中潜移默化式的外在影响，转化为立竿见影式的干预升级。可遗传的基因编辑技术就是如潘多拉魔盒一般的一种威力巨大的手段。这意味着人类或许能够挣脱漫长的自然演化的束缚，突破其中非线性及非目标性的低效，让演化成为目标清晰的升级进化。

尼克·波斯特洛姆（Nick Bost-rom，1973~）
瑞典哲学家，任职于英国牛津大学，其研究关注未来技术和超级智能给人类社会带来的风险。

超人类主义（Transhumanism）
相信人类的未来在于用更高阶的技术化增强性生命来替换生物性的生命，相信在未来一两个世纪内，人类能够利用技术让自己的身体结构、能力和心理特征完全摆脱人科动物的模式。

凯 文·凯 利（Kevin Kelly，1952~）
《连线》（Wired）杂志创始主编。在创办《连线》之前，是《全球概览》（The Whole Earth Catalog）杂志的编辑和出版人。常常为《纽约时报》《经济学人》《时代》《科学》等媒体和杂志撰稿，被看作是"网络文化"（Cyberculture）的发言人和观察者。

这种激进的观点是许多未来学家发表大胆设想的基础，这些看似激动人心却难逃扁平狭隘的学说，宣扬着人类应该不假思索地积极发展技术来增强自身，从而达到适应性的顶峰。库兹韦尔总结道："演化不再是盲目混乱的摸索，也不再是随机产生恐惧与奇迹，而是创造秩序不断提高的过程。这种模式将构成这个世界的终极故事。"[22]

人类通过技术增强超越自然演化的局限，将无序的演化转化为目标清晰的进化的视角，可以用"超人类主义"来概括。2012年由尼克·波斯特洛姆和麦克斯·摩尔共同起草的《超人类主义宣言》中提道："人类在未来将受到科技的深刻影响。我们正在考虑拓宽人类潜能的可能性，克服老化、认知缺陷、不自愿的痛苦和我们孤立于地球上的命运。"[23]超人类主义把人类当前的状态视作"相对早期阶段"。当下人类的生物躯体是脆弱的，大多数人类的思维意识仍然是平庸而有限的。非生物版的人类智能将比现有人类的智能强大数万亿倍。而未来增强的生命预示着更加高阶的存在。经过百万年的自然演化之后，人类可能将朝着自我定义的方式增强进化，而当下的生物形态在未来则面临被淘汰的宿命。这是对人类超越自然生命局限这一终极愿望的回应。

超人类主义这个曾经属于科幻题材的话题，在看似无限的技术潜能中和各大科技巨头的簇拥下，不再被视为不切实际的幻想，进入了主流的叙事与讨论。未来学家凯文·凯利提到，"自然演化强调我们是猿类，而人工进化则强调我们是有心智的机器。"[24]终极想象或许就是将人的意识和思维上传到计算机甚至是可以以假乱真的人形机器人中以达到永存。这似乎描述着人类思维与技术融合之后所能达到的一种顶峰状态。思维永生意味着人类将完全抛弃自己的生理躯体，使人成为无身体的纯粹信息式的存在。

这种思考的底层逻辑认为身体是生命次要的附加物，抽象的信息才是生命的基础。由此，人类与机器人的分界变得不再清晰。通过这种方式，人类不仅可以在没有边界的信息环境中达到永生，也能够通过机器人的载体获得现实世界的感官刺激。

当下这方面的技术还远远不够成熟，仍然仅是科幻小说、技术预测和哲学思想实验里的佐料。有不少未来学家却对此坚信不疑，也有不少资本用其来进行投机炒作。意识上传的早期鼓吹者、未来学家汉斯·莫拉维克就坚信，人类未来将通过舍弃自己的生物躯体来实现跨越式的自我增强。延续着莫拉维克的激进，库兹韦尔也认为，"意识上传技术能让人类不再是无助又原始的生物，思想和行动也不会再受到大脑和身体的制约。通过放弃经过数千万年进化而来的身体，人类可以摆脱各种疾病的困扰，获得超常的思考速度和能力，死亡也将会掌握在自己的手中。"[25]

脱离物质基底的意识上传是人类通过技术突破自身局限的一种虽然荒谬却又符合逻辑的推论，它意味着可以通过无机载体达到永生和超智力。然而，人类看似低效的大脑工作机制和意识的产生仍是未破解的谜团。人类的大脑包含大约 860 亿个神经元以及其中数以万亿计的连接。大脑是一个处在不断变化状态的高度复杂的生态系统。身体的各个部分的神经末梢也在意识形成的过程中扮演着关键的角色。许多临床报告也指出意识的形成需要身体的行动和感知来理解外部的世界。人类的意识或许远远不仅是信息数据那样简单，大脑或许也不能被简化为一个类似于计算机的信息处理系统，它更像是自然界中的复杂系统。人类还并不了解自己心智的复杂性，这种看似是去物质、去身体的"解放"所带来的结果可能是人类无法预料的。如果能够将生物介质处理信息的能力提升[26]，无机的计算机载体是否一定比生物的大脑载体

意识上传（Mind Uploading）
需要将人的思维意识转化为数字化的数据拷贝，再上传到强大的计算载体上进行仿真运行。从理论上来讲，这需要通过三维显微技术扫描大脑的信息，包括神经元之间的连接，信息处理的活动等。

汉斯·莫拉维克（Hans Moravic，1948~）
加拿大计算机科学家，曾任卡内基—梅隆大学移动机器人实验室主任，作品有《智力后裔：机器人和人类智能的未来》等。在雷·库兹韦尔之前，他是未来超级人工智能极端预测方面的代言人。

更能适应生存环境?

　　超人类主义延续着对科学的信仰以及对人类创造进步的执念。超人类主义中对摆脱人类作为一种灵长类生物的尝试,把与大自然的脱离当作是人的最高理想,正是极端的人类中心主义的体现。在"超人类主义"的视角下,追求更美好的生存问题都被简化成技术进步的问题。它以一种极端的工具主义思路来审视人类自身,将人类的大脑和身体视作陈旧落伍的器官。超人类主义对技术决定的过度乐观,对人类中心主义的极端信仰值得审视与反思。它包含着一种偏执的目的——人类的存在意义变成增强自身的计算能力,使其尽可能长久而高效地运作。如果人的完善需要超越自然性、生物性,这究竟是人的完善目标的实现,还是人类付出的碳基生命代价?

　　在关于赛博格和"原始棚屋"的讨论中可以得出,人之所以为人,正是体现在生物性的身体和人造物的技术之间的不断磨合,或者用斯蒂格勒的话来说,"人"是伴随着工具性的诞生而诞生的。在这个拉锯和角力中任何一端的"大获全胜",都意味着"人"将消失殆尽。此外,技术本身的作用就是尽可能快地淘汰个别多余的技术,于是进化本身又会导致人类自己不断变成过时的东西。因此,从人与技术的发展视角来看,朝向新人的发展进程已经不再是演化,或许也不仅是进化,而是有着陷入异化的险境。

　　异化的概念在哲学中涉及主体和客体之间分离和对立的关系。这个客体不是主体之外的客体,而本来就为主体所有,或是从主体的活动中产生或分化出来的。同时,这个客体不仅反客为主,而是束缚、反对、支配原先的主体,使它陷入不自由的地位。也就是说,人类自己发现和创造之物反过来成为与初衷相反的阻碍,使发现者自身深陷其中而不能自拔。

虽然异化的概念积累着多重的意义和理解，但在当下的技术进步中，异化仍是一个我们不应该忽视的概念，正如哲学家韩炳哲所说："当今社会出现了一种新型的异化。它不再涉及世界或者劳动，而是一种毁灭性的自我异化，即由自我而生出的异化。这一异化恰恰发生于自我完善和自我实现的过程中。当功能主体将其自身当成有待完善的功能对象时，他便逐渐走向异化了。"[27]德国社会学家罗萨也在《新异化的诞生》中提到，异化的状态是"当我们既是自愿，却又违反我们真正的意志在行动"。

新人进程中那些看似能使人更加完善的技术手段，可能是人类走向进步和文明的必经条件，又似乎是使人沉醉于其中而不能自拔的必然归宿。技术不再只是辅助地、外在地处理人类的指令，而是主动地对人类发号施令，通过贬低人的能动性而逐步靠近垄断和支配的地位。因此，异化不再仅仅是某种象征性的、精神层面的异化，而是一种身体层面、具身性的、彻底的异化。

现代性的反思

从演化到进化再到异化，看似是体现技术日益侵蚀人类生存的过程，实际上体现出的是现代思想日益深刻影响人类的后果。技术在经历了西方现代性的洗礼之后，加入了"工程师思维"。于是，自然环境和自然人体，都成为技术视角下需要掌控、优化的对象。

现代性这个在当下常常被讨论的名词到底意味着什么？法国哲学家亚历山大·柯瓦雷在《从封闭世界到无限宇宙》中提出16、17世纪西方的科学和哲学思想变革可以看作是现代思想的起源，以牛顿为代表的自然科学家，逐步构建出一套宇宙和自然运作的原则，以笛卡儿为代表的哲学家逐步构建出一个"我思"的

韩 炳 哲（Byung-Chul Han, 1959~）
德国新生代思想家，生于韩国首尔，之后在德国学习哲学，他的主要研究领域是18~20世纪伦理学、社会哲学、现象学、文化哲学、美学、宗教、媒体理论等。

哈特穆特·罗萨（Hartmut Rosa, 1965~）
社会批判理论家，现为德国耶拿大学社会学系教授。师从法兰克福学派第三代领军人物霍耐特，对政治哲学、批判理论、社会学理论都有极深的造诣。

理性人类主体，这些人类历史上闪耀的思想最终累积成一场深刻的变革。西方世界中古希腊和中世纪的那个有限封闭的秩序井然的世界，最终演变成了均一而无限的宇宙，等待着理性的人类主体去运用自然科学的方式不断探究，不断突破，不断进步。[28]

回到开篇的问题，作为人类的意义在于超越自然界的束缚、挣脱灵长目动物这个生物学的定义，实际上正是受现代思潮影响下的认知。前现代和非现代的思潮并非会笃定这种线性的、技术至上的历史观。也就是说，人类自我增强的讨论，是现代思想的典型体现。

现代思想已经在百余年的积淀中影响了人类社会的深层结构，在当下已经形成了稳定的结构。尽管对现代思想已经进行了几十年的"后现代"反思，但"后现代"对现代思想的批判也很难完全跳出现代思想的惯性，只是试图在文本层面去拆解现代思想中的表层，如艺术、身份认同等，而现实中的政治经济等深层结构却丝毫没有改变，也无法撼动现代思潮作为人类最主要叙事的地位。[29]

超人类主义就是这种现代思潮中关于进步和突破信仰的极端体现。我们无法预测现代思潮的发展信仰是否会在不久的将来发生颠覆性的变革，预想中的奇点时刻的技术爆炸会是变革的导火索，还是仅仅将现代信仰进一步推到极致？

在现代性思潮难以改变的前景中，超人类主义所信仰的对人类所产生的异化是否是我们必须接受的叙事？是否还有另外的视角？

后人类主义（Posthumanism）就是在后现代思想框架下的思辨。同样是对增强人类状态的关注，相比于超人类主义对科技进步不加批判的信心和对人类理性的不加怀疑的推崇，后人类主义提供了一种更为批判的看待未来的方式。它对超人类主义的单向度技

亚历山大·柯瓦雷（Alexandre Koyré，1892~1964年）
俄裔法国科学史家。曾师从于胡塞尔学习现象学，师从于希尔伯特学习数学，后又师从于柏格森和布伦希维奇学习哲学。在转入科学史研究之前，柯瓦雷主要研究宗教思想史。

《从封闭世界到无限宇宙》（From the Closed World to the Infinite Universe）
首次出版于1957年，阐述了科学革命是基于改变宇宙观的思维革命。在探讨宇宙概念的更替时，柯瓦雷越出了"科学"的范畴，对古代、中世纪以来的哲学思想与科学思想相互作用的历史进程做出了翔实的考察与思考。

术乐观提供了有效的审思，对人文主义、人类中心主义、西方启蒙思想等这些"超人类主义"的产生前提进行了质疑与反驳。

尽管后人类主义似乎仍然没有跳出现代的思想框架，但后人类主义的意义在于利用未来人类的不确定性来挑战当下人类习以为常的观点。后人类主义的代表学者包括提出《赛博格宣言》的唐娜·哈拉维。通过思考赛博格这种"后人类"状态，哈拉维试图在文中论证技术的发展将打破许多的结构主义二分论，如心理与身体、自然与技术、男性与女性、原始与发达等沉淀着厚重的社会意义的界限，人类各种看似相对的身份或许需要以一种新的视角来看待。[30]

超人类主义是具体的、实操的、对人体增强的科技信念，关注一个不断超越的过程。后人类主义是批判的、象征的，对人与技术关系的人文反思，关注一种不同于当下人类的状态和生命形式，而这个状态可以是近未来的赛博格，也可以是远未来的未知人类。

因此，包括后人类主义在内的后现代反思并没有产生对现代的割裂与跨越。在英国社会学家安东尼·吉登斯（Anthony Giddens）看来，所谓的后现代性时期更应该被称作"高度现代性时期"，因为现代性的后果比从前任何一个时期都更加剧烈化、更加普遍化了。[31]

人的技术性存在使技术增强成为未来不可忽视的趋势。尽管当下人体增强的技术和大众接受度，都与科幻小说中所描绘的情景还有很大差距，但我们却不应该低估技术差距的潜在爆发力。人在生命力、体力、智力、魅力和感知力方面的突破性变革，必然会对建筑的需求和观念产生革新。

尽管我们无法预见现代思想的衰退，但至少需要以一种更为平衡的人文视角来反思看待新人，既带着超人类主义对科技进展

唐娜·哈拉维（Donna Haraway，1944~）
先后任教于夏威夷大学、加州大学圣克鲁斯分校，从事妇女研究和意识史研究。哈拉维长期从事对现代科学话语的文化解构工作，其科学文化解构工作已经构成了后现代文化批判当中的重要资源。

《赛博格宣言》（Cyborg Manifesto）
写于 1985 年，虽然那时的技术还远远不到成熟的地步，但哈拉维利用赛博格这个先锋的概念为人们审理后现代语境中人与机器、自然的"混血"关系提供了重要的理论视角。

的关注，又结合后人类主义的批判性反思。通过关注技术与身体之间融合和交互的共生，关注主体与客体、自然物与人造物之间二元对立的消退，来思辨人与技术关系在未来的可能性。

　　建筑师应该对人类增强过程保持着高度的重视。人的潜在改变将会是新建筑产生的驱动力。通过贯通思考人类的过去和未来，建筑师应关注并反思人类变化的趋势。其意义不是在于对未来的狂想，不在于描绘出一种结果，或是做出一种可信的预测，而在于挑战现在固有的思路，开始聚焦未来，思辨未来，以一种"站在未来，思考当下"的视角来关注人类增强所引发的建筑变化。

2

机器的生物演化

2.1 人造物与自然物

包含"机器"的"人造物"是人类技术的展示，包含"生物"的"自然物"是自然环境的呈现，看似二元对立的这组概念是我们对物质世界习以为常的分类。然而，赛博格与"新人"的对比突出了"机器"与"生物"这对看似泾渭分明的两类物体之间的交错和交融，折射出"人造物"与"自然物"通过互相渗透、彼此升级演化的路径。

建筑是人类创造适宜人居环境的技术手段，是一个时代和地区人类的技术展现，是人造物中的代表。在这种生物工程化、机器生物化的趋势下，建筑这个中介是否也会体现出人造物与自然物的通融？又会以什么样的方式呈现呢？

在思考这些问题之前，需要先以"机器"和"生物"为线索，来回顾建筑在近百年中的发展。作为人造物和自然物中的代表，"机器"与"生物"是建筑学中经久不衰、此消彼长的话语论点，它是建筑汲取灵感、寻找意义的资源库。

一方面，机器和技术可以被视作理性、效率和进步的象征，是规律性、秩序性和确定性的体现，包含着对未来技术将带来的美好生活的向往和寄托；另一方面，机器和技术也会被指责为造成人类异化的罪魁祸首，被视为给社会秩序带来颠覆性危险的根源。因此，机器可以是万众瞩目的时代进步的表达，也可以是令人抵触的颠覆变化的象征。

生物和自然一方面是初原人类栖居的场所，是浪漫化的失落往昔，是在现代工业社会造成人与自然割裂前、人类曾经拥有的一种未被技术污染和颠覆的生存方式，另一方面，自然则是未开化的、不可控的、潜伏着危险的处女地。因此，自然可以是对抗冰冷的机器和技术的堡垒和灵感之源，也可以是难以驾驭的需要抵御的原始威胁。

这两类对象因其所包含的多层而复杂的意义，时而能够互补，时而产生对立。因此，赞美技术和机器与歌颂自然与生物在建筑学中是不断轮转的论题，交织着人们对自然生命与技术机器的矛盾梦想。

"建筑是生活的机器"是勒·柯布西耶的名言。它体现了现代主义建筑师在日新月异的工程技术面前，对机器和被机器所物化的现代技术的推崇。在这种视角下，人与自然之间的建筑中介被呈现为一台强加在自然环境之上的机器。的确，人类现代化进程最直白的体现就是利用技术隔离并开发自然。相比于勒·柯布西耶对机器的推崇，活跃于相同时代的美国建筑师弗兰克·劳埃德·赖特则强调以自然生命为范例的"有机建筑"。赖特认为需要利用有机的设计方式来为建筑赋予人性和美，用对自然生命的关注来抗衡机器给人造成的紊乱。

柯布西耶和赖特都在各自利用技术机器和自然生命来为自己的建筑理论提供道德上的最优解。柯布西耶虽然把萨伏伊别墅视作居住的机器，但却在屋顶设置了引入自然、观赏自然的屋顶花

弗兰克·劳埃德·赖特（Frank Lloyd Wright，1867~1959 年）
美国建筑师，现代主义建筑最重要的建筑师之一。早期师从摩天大楼之父、芝加哥学派代表人路易斯·沙利文（Louis Sullivan）。赖特的建筑体现了对传统的重新解释，对环境因素的重视，以及对现代工业化材料和技术的强调。

有机建筑（Organic Architecture）
包含一系列将建筑设计根植在自然中的想法，如可以扩充"生长"的平面形式、地方性的自然有机材料的使用等，让建筑趋向于一种从内部向外部发展并与自身环境相和谐，让每个设计都像是从地里面长出来的一样。

园（图 2-1）。"二战"后，柯布西耶更是从推崇机器时期的白色
光滑墙面，转向后期的朗香教堂中那种不加掩饰的人工印记和材
料自身的纹理。这在一定程度上体现出柯布西耶的关注点从对科
技进步的信念转向对原始自然力的信念。虽然强调建筑的有机性，
赖特的流水别墅强调基于自然并融入自然，但其中也加入了功能
主义的正交造型并使用了大量精准的工业化材料（图 2-2）。柯布
西耶认为有机的创作必须要通过机械的方式进行思考，而赖特则
认为机械的构想需要效仿有机的生命进行构思[1]。

图 2-1　萨伏伊别墅的露台花园

图 2-2　流水别墅的几何造型

两位建筑师所倡导的"机器""有机"两种倾向及其中的立场偏移，可体现出近百年建筑学发展历程中所贯穿的关于"技术机器"和"自然生命"的普遍思索。技术机器和自然生命可以成为装饰纹样层面的建筑修饰，也可以成为具有整体象征意义的形式美学系统；可以在材料构件层面作为建筑的实体构成，也可以是建筑在功能和运作机制上的逻辑参照，即建筑试图成为运行的"机器"或是活动的"生物"。更多的时候，建筑师对两者进行综合，产生符合社会环境和时代需求的作品。机器和生命互相对照参考，反思着彼此的定义。它们经过了概念的更新迭代，反复地出现在建筑学的讨论中。

柯布西耶和赖特是此类讨论中的一个缩影，本章将沿着柯布西耶和赖特的观点展开关于"机器"与"生物"的考察，并梳理这两条线索的发展历程。建筑在迈向"机器"和"生物"的道路上走了多远？建筑领域中机器与生物之间的鸿沟能否跨越？"机器"和"生物"对建筑作为人与环境的中介将产生什么样的影响？这些是本章试图探讨的问题。

2.2 建筑的机器范式

建筑的两种机器观

始于 18 世纪的工业革命，让机器成为先进人造物的代表，也成了建筑企图学习模仿的对象。建筑师对待机器的态度可以归纳为两个方向：其中相对保守的态度是以建筑为中心来汲取机器中所出现的技术，建筑仍然是建筑，机器所蕴含的技术仅仅是对既有体系的优化和点缀；另一种更为激进的态度是抛弃传统建筑学的包袱，以机器的逻辑和技术为出发点来重构建筑，把建筑"升级"为可以被操纵的机器。对此有深刻见解的建筑评论家雷纳·班纳姆持有鲜明的立场。他不遗余力地推崇第二种态度，并在《第一机器时代的设计与理论》中指出：建筑师虽然着迷于机器，却常常对机械技术本身了解甚少，这样只会使建筑与技术更加成为两个完全不相关的平行世界。[2]

　　在第一类机器观中，以建筑为核心来吸取技术的代表人物是意大利未来主义建筑师安东尼奥·圣·伊利亚和现代主义的先驱勒·柯布西耶。未来主义派成员从机器的速度和运动中找寻灵感，将机器的意象引入艺术和建筑。建筑在他们的宣言中不再是古典时期永恒的象征，建筑的寿命将比人还短，每一代人都需要建造自己的城市。在圣·伊利亚的未来建筑手稿中，建筑呈现出巨构一般的体量，电梯在玻璃、钢铁和混凝土所构成的纪念碑式的立面上高速穿行，暗示着未来的进步与速度（图 2-3）。

图 2-3　圣·伊利亚的未来城市

雷纳·班纳姆（Reyner Banham，1922~1988 年）

英国建筑史学家，评论家，建筑教育家。1964 年起执教于伦敦大学巴特莱特建筑学院；1976年赴美，先后担任布法罗纽约州立大学设计研究系主任、加州大学圣克鲁兹分校艺术史系教授，1985 年起任纽约大学美术研究所艺术史教授。

《第一机器时代的设计与理论》（*Theory and Design in the First Machine Age*）

1960 年首次出版，基于 1958年在建筑史学家佩斯纳的指导下完成的博士论文，着重研究从 19世纪晚期到 20 世纪二三十年代的西方建筑与设计，重点考察现代主义的兴起、传播与变革，无论是在研究视角，还是研究方法上都进行了大胆的探索，成为西方设计史、建筑史学科研究的一部经典。

柯布西耶继承了未来主义对机器的热忱，同时也结合了古典建筑的美学构成原则。他在《走向新建筑》中将帕提农神庙与汽车并置，试图结合古希腊时期建筑的几何秩序和工业时代的机器美学。柯布西耶将高效量产的福特 T 型车作为开拓现代建筑的美学样板。虽然他宣称要像量产汽车一样量产房子，打造出像 T 型车那样具有标准化实用外观的建筑，但建筑只是像机器，而不是真正意义上的工业化生产的做功的机器。他的名言"建筑是居住的机器"事实上只是一种比喻，是形容改造人行为习惯和观念的社会工程"机器"。萨伏伊别墅（图 2-4）虽有机器美学的简洁优雅，却仍如神庙般稳稳地屹立在场地之上，其中所使用的砌体材料也并不是制造机器的材料。柯布西耶认为建筑的基本核心是经典的几何构成和适合的尺度比例，机器所展现的技术和美学并不会挑战这些定律。

安东尼奥·圣·伊利亚（Antonio St'Elia，1888~1916 年）
意大利建筑师，他在《未来主义宣言》中提到的一些主张后来成了现代建筑的基石，他的一些建筑和城市建设的想象，在当时虽显得空幻无稽，后来却成为现实。

未来主义（Futurism）
20 世纪初出现于意大利，随后流行于俄、法、英、德等国的一个现代主义文学艺术流派。由雕刻家、画家波丘尼和画家、诗人、剧作家马里内蒂发起，主张文学和艺术应该表现现代科学技术带来的时间和空间的新概念，表现速度和力量，将美学思潮跟当时普遍的社会进步联系起来。

图 2-4　柯布西耶的萨伏伊别墅

班纳姆认为以柯布西耶为代表的欧洲现代主义建筑师仅仅是从表面的机器美学来看待技术，因此不可避免地沦落到重拾传统建筑语言的隐喻和暗示，缺乏真正融通先进技术和建筑的思考。

他尖锐地指出："所谓机器时代的建筑只不过是机器时代的纪念碑。"[3]

在班纳姆看来，美国设计科学家巴克敏斯特·富勒的设计愿景才能真正体现出机器时代的建筑使命。富勒将自己定义为发明家而不是建筑师或工程师。他以轻便、廉价和能效最大化为出发点，使用以技术为中心的工业设计方法来拓展建筑设计及建造的方式。

在第二类机器观中，富勒专注于探索轻质高效的建筑，希望以最少物质能耗提供最大强度和舒适度。富勒提倡利用新技术和新材料，结合大规模量产的新流程。他认为砖、石头这类沉重的砌体材料已经过时，不仅施工烦琐且造价高昂。他于1927年设计的戴梅森住宅（Dymaxion House）就体现了这些设计理念（图2-5）。戴梅森住宅完全摆脱了建筑的常见形态，使用了轻质的航空材料

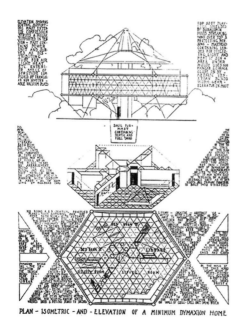

图2-5　富勒的戴梅森住宅

巴克敏斯特·富勒（Buckmi-nster Fuller，1895~1983年）
富勒以宇宙宏观的视角关注地球这个人类赖以生存的家园，宣称地球是一艘太空船，人类是地球太空船的宇航员，必须知道如何正确运行地球，才能在宇宙中繁衍生息。

和大量流水线上量产的预制组件。戴梅森住宅的六边形居住区由位于几何中心的铝制暖通水电服务核心筒支撑。核心筒中的空气压缩系统可以调节并清洁空气,内置的水循环系统可以过滤日常生活产生的废水并消毒。富勒将他的戴梅森住宅的造价与汽车行业对比,认为依照工业化设计逻辑能够让戴梅森住宅以低价大批量生产,只会比1928年的福特和雪铁龙轿车略贵。这个量产的、设备化的、组件化的、可更新的、包含着许多超前技术设想的建筑,相较于柯布西耶的构想,更可称为真正意义上高效且没有累赘的居住的机器。[4]

然而,戴梅森住宅未能产生媲美萨伏伊别墅的深远影响,而更多变成了一种史书中创新家的奇想。尽管戴梅森住宅的构想体现出卓越的技术创新,但住宅不同于生产类建筑,在满足物质的功用之外还需提供心理与情感的庇护。虽然戴梅森住宅极小的落地支撑使其可以不受地理条件的限制,通过飞机运输,它可以被安装在世界的任何角落,可以使居所成为一种普适的舱体。但越是凸显这种临时性与便捷性,就越无法贴近居住行为中对于情感和记忆的诉求,错将临时的停靠等同于居住的全部内涵。此外,戴梅森住宅所推崇的类似于汽车产业的持续扩张的消费经济,虽然大众能接受汽车的按期报废,却很难接受承载着家庭生活记忆的住宅也落入如消耗品般终将报废的宿命。

技术转移的第三条道路

于是在上述两种态度之间出现了相对折中的第三条道路。不是如柯布西耶那样将机器作为美学和象征,也不是如富勒那样将建筑完全技术化。第三条道路是以建筑为基础,参考和使用其他制造行业中的材料和技术。它被英国建筑评论家马丁·保雷概括为"技术转移"（Technology Transfer）。

各种载人运输工具如汽车、铁路、船舶和航天等制造行业中的材料和技术常常先于建筑，成为建筑模仿和利用的对象。汽车工业对建筑贡献了很多的技术转移。生产汽车的冷轧钢底座技术被用作生产建筑行业中常见的各种钢构件，汽车密封玻璃的氯丁橡胶密封垫，也被用在建筑的幕墙之中。装配式建筑是建筑行业不断向汽车和其他制造行业借鉴的体现。欧洲"二战"时的工业生产线在战后被广泛地转移到建筑行业，工业量产的逻辑被运用在建筑中，特别是战后许多社会福利住宅的建筑中。这些装配式建筑的混凝土地板和墙体模块都由工厂量产而成，如同组装机器一般建造建筑。

法国建筑师让·普罗维是利用技术转移来探索装配式建筑的先驱。他批判建筑行业依旧停顿在传统的手工模式，呼吁建筑应该像造车、飞机那样，通过把建筑切分成组件，预铸量产再加以组装。他曾与飞机制造工厂合作，设计了一个完全由工厂量产部件组成的建筑（图 2-6）。

普罗维的装配式单元化住宅是一个众多建筑师都尝试过并延续至今的主题，其中一个特别的概念性构想是美国建筑师韦斯·琼斯的"机器棚屋"。琼斯通过工业化材料和装配式逻辑来重审"原始棚屋"这个概念。他的"机器棚屋"（图 2-7）不仅仅由机器建造而成，本身就像机器一样运行：基础支撑是千斤顶，伸出的梁是起降机，收缩的屋顶、开合的地面、转向的楼梯都是建筑的组成部分。机器棚屋把曾经充斥着自然的随机性和不可控性的棚屋打造成规律性和可控性的机器，为上一章中原始棚屋和赛博格的对比架起了更为直白的概念连接。原始棚屋这层与人类演化相辅

马丁·保雷（Martin Pawley，1939~2008 年）
英国建筑评论家，关注技术运用在建筑行业中的发展，曾为许多注重技术的建筑师如福斯特、富勒等编撰画册。

让·普罗维（Jean Prouve，1901~1984 年）
法国建筑师，装配式建筑先驱，对工业产品和制造细部有着细致的关注，力图在富勒的技术乌托邦和主流建筑之间架起桥梁，体现出技术物的诗学。他的作品启发了之后的高技派，也正是他作为评委之一，选择了皮亚诺和罗杰斯设计的蓬皮杜中心的方案。

韦斯·琼斯（Wes Jones，1958~）
美国建筑师，设计以机器为灵感源泉，热衷于漫画式的表达和叙事。

图 2-6 普罗维的可拆卸家（Demountable House）   图 2-7 琼斯的机器棚屋

相成的技术中介，在机器棚屋的重构中成了能被人控制的机械化的身体延伸，是人体外的赛博格式的外层防护。相比于富勒的戴梅森住宅，两者虽然都是能动的建筑机器，但戴梅森住宅是摆脱建筑原型的创新发明，而机器棚屋是基于技术转移而产生的对建筑原型的反思与重构。

技术转移最为人熟知的代表是 20 世纪 70 年代起步的高技派建筑师，他们致力于把汽车、飞机、船舶等制造行业的先进技术成果转化为切实可行的建筑设计。其中的代表人物诺曼·福斯特曾将波音 747 型号的飞机选为他最欣赏的"建筑"。

曾与富勒共事多年的福斯特深受富勒"少费多用"的影响。他设计的桑斯博瑞艺术中心（Sainsbury Center）实现了戴梅森住宅的一系列思想，以极小的物质能耗达到最大的结构功能（图 2-8）。桑斯博瑞艺术中心的预制模块化幕墙表皮利用了汽车工程行业中常使用的铝合金板材。与戴梅森住宅的中央核心筒逻辑相似，桑斯博瑞艺术中心的所有设备和包括厨房、厕所在内的辅助用房都

诺曼·福斯特（Norman Foster, 1935~）
英国建筑师，高技派建筑的代表人物，普利兹克建筑奖得主。

高技派建筑（High-tech Architecture）
起始于 20 世纪 60 年代，提倡把航空、汽车制造工程中的材料和技术掺和在建筑技术之中，形成新的建筑结构元素和视觉元素。这种新的建筑设计语言因其技术含量高而被称为"高技派"。

集中藏在两侧钢桁架的空隙之中，留出中央灵活的展览空间。与戴梅森住宅不同的是，这座艺术中心不是能够被移动的量产机器，而是稳稳根植于场地的建筑。

高技派的建筑启发了之后一代代先锋的建筑师从机器的制造方法中获取灵感。从福斯特事务所孵化出的英国建筑事务所未来系统（Future System）所设计的洛德板球场媒体中心（Lord's Cricket Ground Media Centre，图 2-9），是第一个使用全铝制、半单壳体的结构。它由造船专家制造，借鉴了船身制造和赛车制造的技艺。整个铝制的壳体消除了常规铝板幕墙中无法避免的材料拼缝。然而这些新材料和新系统仍然是建筑行业中的小众选择，依赖着材料供应商的技术成熟程度，以及业主和承包商资本逻辑的支持。当前的建筑行业充斥着现成的、常规的，甚至是平庸的材料系统，当这些系统能够简单高效地提供解决方案时，[5] 技术转移的试验和实践或许会面临更少的支持和动力。

扬·卡普立奇（Jan Kaplický，1937~2009 年）
捷克裔建筑师，在英国成立建筑事务所未来系统。他曾经是设计蓬皮杜中心的团队成员之一，之后也曾在福斯特工作室工作。

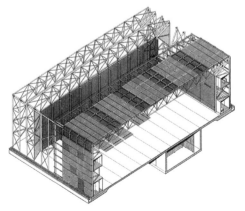

图 2-8　福斯特的桑斯博瑞艺术中心

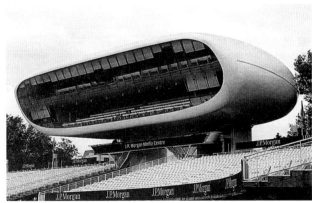

图 2-9　未来系统的洛德板球场媒体中心

2.3 建筑的生物范式

范式的转变

先进的机器是人造物的杰出代表，这些基于经典物理学和机械论（Mechanism）而产生的人造物，协助人类超越了自身的生理局限，使人类能够上天入海，以更快的速度移动，以更高的效率产出。

然而，机械工业化的破坏性也随着时间的推移日益明显。与此同时，20世纪初的科学世界经历了一系列突破性的进展。特别是随着1962年DNA生物学结构的发现和生物技术的突飞猛进，生物科学逐渐削弱了物理学在建筑认知中近三百年的统领地位。[6]这也让许多学者开始认为，即便是最好的机器也不过是生命有机体的拙劣模仿[7]，各类围绕着有机体论（Organicism）的学说都试图撼动机械论的单极理解。

19世纪末，法国哲学家亨利·柏格森（Henri Bergson）就提出生物和生命哲学，来反驳当时甚嚣尘上的机械论。机械论的错误在于以非生命来解释生命，因此柏格森提出对生命力的关注来克服机械论。之后的美国技术史学家刘易斯·芒福德更是在1934年出版的《技术与文明》中系统地提出应该反思对机械思维这一自18世纪末开始的思潮的推崇，呼吁从自然生物而不是机器中去找寻理解世界的方式。他预见了机械性思维的衰落和一种更"柔和、自然、生态"的有机思维的兴起。马歇尔·麦克卢汉也总结道：人类历史上对"自然"的唯一一次断裂是以机械思维为主导的现代主义盛行的时代。"机械时代是两个伟大有机时代之间的插曲。"[8]

经典物理学和生物学有着两种完全不同的思维方式。奠定经

刘易斯·芒福德（Lewis Mumford，1895~1990年）

美国社会哲学家，出版了诸多关于建筑与城市规划方面的著作，强调城市规划的主导思想应重视各种人文因素。

《技术与文明》（Technics and Civilization）

首次出版于1934年，讲述了机器的历史，解释机器的起源并对机器对于文明的影响进行了重要的研究。

典物理学的机械思维把世界看作一个被构造出来的、由部分构成的机器，它强调每个环节个体与个体之间的精准关系。生物学把世界看作是由一颗种子生发出来的、在时间中成长的生命体，其中的真实场景都包含着混乱与无序。生成过程并非人为制造，也不一定完全遵循特定的发展，而是如同有机体一般，整体与局部有着和谐的复杂体系。

由此，机械思维中对复杂有机体的抽象还原不再被视作是寻求真理最客观的方法。新兴的复杂性科学提倡不再将复杂的自然简化为机械的、线性的、带有决定论性质的对象，而将世界理解为混沌和秩序、偶变与必然的深度结合。

这在许多学科内引起了一场影响深远的"范式转变"[9]。"范式转变"后的科学和哲学的认知不再是绝对的。由牛顿经典物理学所引申出的机械性的、结构性、组件性的自然认知，转换为一种相对的、系统性的认知，更加强调生态与整体。这种范式的变化使得机器不再是理解事物的唯一模板，对生物的比拟成为观察与创造世界的新途径，由此带来的复杂性与不确定性成为当下包含人工智能等诸多技术在内的造物思想。

机器的生物形态

建筑学中对"生物"的接纳方式与对"机器"的接纳方式类似，也有两种路径，一种是比喻和拟态地利用，另一种则是真正研究和利用生物体的物质材料和结构。

第一种路径，对"生物"的比喻和拟态运用，代表是活跃于20世纪60年代的英国的建筑电讯派和日本的新陈代谢派。这些先锋建筑师希望能在机械体一般的建筑逻辑中加入生物的生长变化

复杂性科学（Complexity Science）
是针对复杂系统的一种新兴的研究方法。它不是一个单一的理论，而是一系列学科的理论和概念工具的集合。复杂性科学关注的是不可预测和多维的动态复杂系统，如全球气候、生物、人脑、社会和经济组织等。与传统的"因果关系"或线性思维不同，复杂性科学的特点是非线性。

范式转换（Paradigm Shift）
由托马斯·库恩提出。范式是一种关于价值、理论和方法论的假定格局。库恩认为科学史中存在范式的革命，它们由全新的假设、理论和研究方式所引发，使那些占有支配地位的主张陷入危机之中，最终瓦解并发生转变。新范式取代旧范式之后，其本身又面临新的挑战，科学理论总是处于变动之中。

的机制。新陈代谢派的生长建筑、建筑电讯派的移动城市、插件城市等都强调了这种动态性和生长性。

　　建筑电讯派建筑师呼吁建筑应在电子时代跟上科技创新的步伐，并利用新技术来挽救城市的危机，其中的插件城市（Plug-in City）是1964年的创想（图2-10）。在这个构想中，起吊和放置插件单元的巨大起重机主导了天际线，一个个舱体般的插件单元可以随着人们一起搬迁，像游牧民族一样在城市框架中迁徙。建筑电讯派宣称缺失改变能力的建筑只将成为贫民窟或纪念物。[10]建筑需要成为可以随时调整和更换的组件系统，便于搭建、拆卸和移动。城市也将由此产生生长变化的可能性。

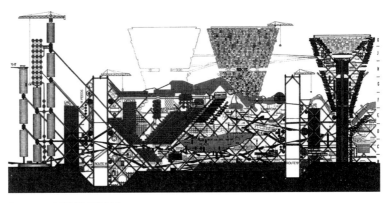

图 2-10　电讯派的插件城市

　　时隔近半个世纪的未来主义与建筑电讯派是两个时代不同技术想象的典型体现。未来主义宣言中按计划报废的巨构建筑与插件城市有共通之处，而其反差在于插件城市的生长变化与未来主义的静止凝固。未来主义的出现受到20世纪初汽车、飞机等交通工具诞生的启发，建筑电讯派则受到"二战"后电子产品和电脑普及的推动。[11] 这两个时代分别被班纳姆划分为"第一机器时代"和"第二机器时代"。第一机器时代中的两次世界大战导致了物资的紧张匮乏，因此高效的生产力被认为是重启社会发展的希望。而第二机器时代是"二战"后的富足年代，这时物资已经不再紧缺，经济关注从商品生产转移到了商品消费。[12] 第二机器时代中，技术通过各类家庭化的机器产品，被广泛使用和消耗。廉价高产的合成材料被运用到各种人造物中，以回应人类的消费欲求的激增。建筑电讯派的技术乌托邦是对战后消费主义时代和消耗商品泛滥的回应，一个个插件单元就是综合了各种消耗商品的躯壳，其自身也是一种消耗品。

与建筑电讯派有着相似的立场，日本的新陈代谢派在面对日益增长的人口对于土地的压力下，也反对现代主义建筑一成不变的教条。他们提倡利用生物新陈代谢的灵感来替代机器运作，以此关注建筑如何随时间的演化而变化，探究城市和建筑成长和发展的可能性。

日本建筑师黑川纪章在他的"胶囊宣言"（Capsule Declaration）中宣称，人类和机械超越了相互之间的对立关系，产生出新有机体（图 2-11）。[13] 这种宣言所体现出的思想与当时不少先锋建筑师赛博格式的探索也不谋而合。这种人与机器互相依存、融合共处也成为他之后提出"共生思想"的源头。共生思想至今仍然具有启发性，但这种超越对立的共生不应仅仅是道德正确的呼吁。在技术与人之间关系更为微妙复杂的未来，机器与生物之间边界的模糊将更加需要一种和谐共生的指导方向 [14]。如其在中银大厦中的尝试，舱体式的胶囊单元与巨构式的核心筒支撑，形成高度可控、可更替的内部环境。这也是与英国建筑电讯派插件城市构

新陈代谢派（Metabolism）

在丹下健三的影响下，以青年建筑师大高正人、槇文彦、菊竹清训、黑川纪章以及评论家川添登为核心，于 1960 年前后形成的建筑创作组织。新陈代谢是一个生物名词，用来形容食物转化为生命养料或经生物体消耗为各类排泄的过程。新陈代谢派认为城市和建筑不是静止的，而包含生长、变化与衰亡的动态过程。

黑川纪章（Kisho Kurokawa, 1934~2007 年）

日本建筑师，新陈代谢派代表。1962 年成立黑川纪章建筑城市设计研究所，1964 年获东京大学博士学位。在 1970 年的大阪国际博览会上，黑川纪章展出了 TB 实验性住宅，这次展览的成功为他带来了之后 1972 年建成的中银胶囊大厦。

共生（Symbiosis）

两种生物体的机制。共生的概念认为生物的演化在于协作而不是竞争，因此也挑战了达尔文学说。

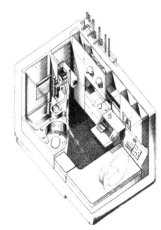

图 2-11　黑川纪章的中银胶囊大厦

想最接近的建成作品。但遗憾的是，自 1972 年竣工以来，舱体单元并未实现替换，周围的城市肌理都在新陈代谢式地更新，而它自己则成了一个已被整体拆除的纪念碑。

　　虽然建筑电讯派和新陈代谢派的建筑都试图摆脱现代主义中"建筑是机器"的构想，希望从生物学中受启发而产生一种符合生物生长逻辑、具有生长机能的建筑，但这些生物生长的机制还是一种机械的、僵化的生长，是机器逻辑下的生物。同时，新陈代谢派将紊乱的现实设想为完美有序的生长、衰败和替换。真实生物机制中的复杂性被简化成理想的比拟和象征。这同柯布西耶所运用的"机器"概念类似，新陈代谢派的"生物"也仅仅停留在象征层面，而不是真正的有机生命体，建筑尚不具备自主生长的机能。

　　第二种路径是从生物中寻找有机形态的另一场运动，是自 20 世纪 80 年代晚期起始于哲学家吉尔·德勒兹哲学思想的有机化形

吉尔·德勒兹（Gilles Delueze，1925~1995 年）

法国著名的后现代哲学家之一，以创造众多富有洞见的哲学新概念著称，对形而上学和艺术哲学做出了独特的贡献。他创制了诸多概念，对精神分析和资本主义进行了综合批判。

式探索。德勒兹提出的连续又延绵的块茎、褶子等概念为后续曲线的、流体的、连续的有机建筑造型提供了形式上的理论背书。这种有机的形式在当下的建筑界仍产生着回响。以格雷格·林恩和扎哈·哈迪德为代表的建筑师广泛地借助参数化手段的设计和建造方式，让横平竖直的正交体系消失在建筑的形体中，体现出更为整体的柔性特征。这种建筑通过摒弃传统建筑中因材料拼接、施工工艺而产生的各类节点，将建筑表现为有机的形态，而不是由构件所拼接而成的机器。经过近 30 年的发展，这种有机形式也逐渐开始落入俗套，各类建筑前赴后继地展现出难以名状的如水波山峦一般的起伏，或是如器官肢体一般的团块。这种泛滥的有机形式仅仅是建筑形式的探索，是多元的后现代建筑中争奇斗艳的视觉实验。这些看似有机的柔线形式实际上既没有生物的机制，也没有充分遵循自然界中生物物质和结构的生成原则，常常被认为是一种为求形式而依附理论的生硬表演。

　　无论是对机器的借鉴或是对生物的比拟，其原因不外乎是因为在技术的发展进程中，建筑师对新材料和新技术的理解和使用总是落后于工程师。建筑师尽管不断地追赶代表着最高生产力的科技行业，但是新兴技术的发展超过了许多建筑师的能力范围。因此，更便捷的方式便是将技术通过建筑学的方式进行比喻和象征性的美学同化。通过对技术的观察和反思，将技术展示为能够激发人与社会的力量，形成建筑中的技术美学。[15] 无论是机器时代对机械、量产钢铁和玻璃等刚直工业材料的赞颂，第二机器时代对合成材料和电子产品的追捧，还是生物时代对生命机制的模拟，建筑学在面对技术对社会的一次次冲击中都不断试图吸收和展示技术，并为闯入社会的新兴技术赋予合适的美学表达。因此，建筑所展现的各种新形式是在迟到地展现新技术的来临。[16]

**格雷格·林恩（Greg Lynn,
1964~）**

美国建筑师，数字建筑设计的理论奠基人之一。他在 20 世纪 90 年代就成为使用动画软件来创造新的建筑设计可能性的先锋，其研究实践和理论著述对今天的建筑师产生了重要的影响。

**扎哈·哈迪德（Zaha Hadid,
1950~2016 年）**

伊拉克裔英国女建筑师。2004年普利兹克建筑奖获奖者，也是第一位获得该奖的女性建筑师。

融入自然的人造物

相比之下，德国建筑师弗雷·奥托的有机探索则更显得难能可贵。奥托提倡通过学习自然物质的结构来启发对建筑形态的塑造，以达到能够自成型、自优化的"极少建筑"。[17] 在他的视角中，自然界万物中都蕴含着能够启发建筑结构和形态的线索。人造的建筑只是宇宙中无数物质结构中的一种，与微观的化学分子、宏观的动植物等共同组成了不同层次的物质结构世界。奥托的轻质支撑膜结构建筑（图2-12）便源自利用肥皂泡生成最小表面的实验。这样的视角将自然现象、有机生物和人造物纳入一个包容的大框架中，这也是奥托试图探究建筑和自然之间深层次联系的出发点。于是，有机生命体与无机物之间没有了分类的鸿沟，有的只是材料结构上的不同类型和演化速度。生物世界的复杂性成为建筑观察和研究实验的对象，从这种视角中得到启发的建筑能够顺应并融入到自然的机制之中。

弗雷·奥托（Frei Otto，1925~2015年）
德国建筑师，2015年普利兹克奖获得者。他的成名作是1972年的慕尼黑奥林匹克体育场，该体育场开拓性地使用了轻型拉膜结构，打破了传统体育场封闭式的严苛单一形象。

图2-12 弗雷·奥托的膜结构建筑

建筑作为人造物的一种，与生物的融合面临着人造物与自然物之间的鸿沟，奥托的尝试也只是一种在物质构成的层面、静态地仿学自然物中的造物智慧。虽然建筑在当下的技术手段面前无法成为自然物，但奥托的研究却试图证明建筑能够成为融入自然的人造物。它的意义在于摆脱浮于表面的对生物的形式模仿，并将对有机生态的关注转化为对自然环境的关注。这种思潮随着地球环境问题越来越突出，占据了道德的高地。一系列绿色建筑的实践也随之兴起，试图赋予建筑学更多的可持续性和生态正确性的思考。

后期的高技派也不再强调最初阶段戴梅森住宅的工业机器属性，随着对生态环境的关注逐渐成为全球性的共识，它也开始将机器描绘成遵循自然规律、能与自然和谐共存的环保机器。这表现在对生态技术和气候节能等方面的关注，而不再仅仅是用复杂钢构裹着金属表皮与周围建成环境格格不入的异物。

绿色建筑试图化解机器与自然的冲突，暗示着一种高科技桃花源一般的愿景。愿景虽好，但实践中总难以避免以肤浅的、大面积的绿植点缀来快速达成绿色建筑的形象。这种用绿植点缀的潮流实际上容易陷入本末倒置的地步。对绿植的灌溉、养护所消耗的能源和水源，有可能让其成为一台贴着绿色表皮的高能耗机器。

日本青年建筑师石上纯也（Junya Ishigami）的研究和实践有一种奥托精神的延续，其建筑作品所表达的轻巧和与自然环境的融合都将奥托的"极少建筑"推向了新的高度。在2008年威尼斯双年展日本馆（图2-13）的作品中，石上纯也将建筑的物质厚度降到最低，仅使用8毫米的玻璃和16平方毫米的细柱就完成了看

图 2-13　石上纯也的威尼斯双年展日本馆

似不可能的搭建。在近乎消失的建筑框架下，是郁郁葱葱的各类植物的选搭。石上纯也试图利用植物的选搭来进行微妙的气候调控，而不是利用建筑密封的表皮。这是一种将人造物在高精尖的材料技术和结构计算下进行以最小物质换取最大影响的尝试，也是一种将建筑的潜力指向边界消失、与自然融合的尝试。由此，在创造建筑空间的同时也重塑了自然空间，实现了人居环境与自然环境的融合。

生物机制的利用

当下生物技术和材料技术的突飞猛进，让建筑对生物机制的探究和利用有了新的可能。建筑学对生物学的态度也从概念的借鉴和形态的模仿，发展到实际生态机制和生物材料的利用。建筑的生命化不再是技术乌托邦那种宏大的自上而下的叙事，而是微观的自下而上的材料层级的研究。

传统的建筑材料在生物工程技术下有了更大的想象空间。环境中存在的无数的微生物在不断地进行各类化合反应，而这些微生物的力量也逐渐开始被人类运用。由微生物制造且不用烧制的菌丝体有机砖（Bio-brick）模糊了建造和种植的边界。它让建筑中最为常用的砌体材料有了自然生长的机制。它的有机性来自泥土并将归于泥土，几乎没有产生任何废料，实现了接近零的建筑碳排放。喷涂在建筑表面的原生细胞涂料（Protocell）可以让建筑更好地顺应自然环境的变化。它能够将二氧化碳吸收固化成碳酸钙，这层碳酸钙可以保护建筑甚至修复裂缝，使建筑可以有自修复、自清洁的潜力。在欧盟赞助的"生长建筑"（The Living Architecture）研究项目中，墙体被生化反应器（Bio-reactors）替代，能通过微生物发电并净化房屋自身产生的废水和食物残渣，甚至能用于制造酒精和食物。这个项目还处于实验室阶段，研究人员预计10年内能够逐渐成熟。[18]

麻省理工学院媒体实验室的奈丽·奥克斯曼（Neri Oxman）团队从材料生态学入手，在数字化的建造过程中引入自然的机制，提倡"为自然、与自然和被自然"建造。团队通过研究蚕结茧的材料，学习其吐丝过程和力学结构，综合数字化建造和生物建造的手段打造出了"丝亭"（图2-14）。它与富勒的曼哈顿穹隆是两种范式的对比。曼哈顿穹隆所代表的是工业化进程中模块化物件的组装，是凌驾于环境之上的封闭再造。丝亭则是环境和自然的自我建造，是像自然界万物一般通过生物新陈代谢的机制生长而成，不是由单个的物件组装构成。奥克斯曼也同时关注能量的控制与生产。除了丝亭的实践之外，她的团队研究了蓝藻菌和大肠杆菌这两种微生物的新陈代谢机制。它们一种将光化为糖分，一种将糖分转化为生物燃料，用这两种微生物作原材料，设计出

麻省理工学院媒体实验室（MIT Media Lab）

成立于1980年，是一个致力于科技、媒体、科学、艺术和设计融合的跨学科研究室。媒体实验室直属于建筑及城市规划学院，由MIT第十三任校长杰罗姆·魏瑟及MIT教授尼古拉斯·尼葛洛庞帝共同创办。

了能够将光照转化为能量的衣物。这一连串的以生物机制为基础的穿戴装置，为使用者提供了一种全新的能力采集模式。人体的贴身围合也成为能量积累和传递能量的人造自然物。

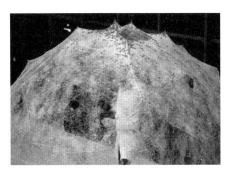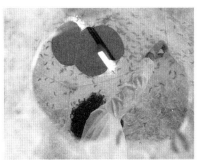

图 2-14　丝亭

与奥克斯曼的能量采集项目的思路相似，位于德国汉堡的 BIQ 住宅（图 2-15）把隔绝和储存能量的建筑变成了可以生产能量的建筑。与当下许多由玻璃幕墙完全密封的建筑不同，该住宅引入了自然机制，在立面安装了包含微生海藻的水墙。这些海藻通过光合作用，吸收阳光和二氧化碳产生能量，为建筑提供热水、降低温度。[19]建筑的表皮在人造物与自然物的结合之下，使自然元素得到更好的利用与流通。新的生物材料使建筑有了真正新陈代谢的可能，不再将新陈代谢作为生物机制的隐喻。

这些带有偶然性变化的自然材料和生物材料曾被标准的工业生产极力排斥，如今这些材料的优势正在被重新发掘。这些富含生命的材料让建筑成为工程化的自然。建筑这层分隔人类与自然环境的中介有可能不再凌驾于自然之上，而是借力自然、融入自然。

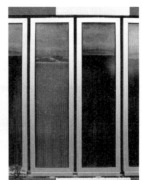

图 2-15　BIQ 住宅

2.4 机器与生物的协同

控制论的运用

在建筑学中无论是关于"机器"或是"生物"的尝试都指向一种建筑具有能动性的想象，把能动的机能赋予原本被动的人造物。无论是机械性的移动旋转，或是生物式的修复生长，都预想着建筑能够产生某种回应人和环境的主动性。这种主动性从表面上可以称之为建筑的"智慧"，而"智慧"的关键不仅在于如同机器一般回应着机械式单向式的指令，更在于达成对生命体这个复杂系统产生动态的递归式的回应，并能对种种偶然事件灵活处理。这意味着建筑与人、人造物与自然物需要有某种沟通和连接的机制。而信息的互通，在当下的科学范式中被认为是连通机器体和生物体的基础。

跨越机器和生物之间的鸿沟是生物技术和信息技术一直以来努力的方向。最早开始系统地在无机的机器和有机的生命体之间架起桥梁的是控制论。控制论由美国数学家诺伯特·

诺伯特·维纳（Norbert Wiener，1894~1964 年）

美国数学家，哈佛大学哲学博士，长期任麻省理工学院教授。1948 年前后，他和一些医学、生物、数学和工程技术界的人员合作，提出了控制论，对现代计算、控制、通信、自动化技术、生物学和医学理论都有不同程度的影响。

控制论（Cybernetics）

一种关于控制的理论，是研究机器和生命中关于控制和通信的科学。机器体和生物体都拥有多元发展的可能性，而这些可能性都受人因素影响并产生控制。因此它们可以被视作同一类事物，有着相通的程序。如果事物只有一种发展的可能，或是超出了人类的控制范围，则不在控制论的讨论范围之内。

维纳在 1948 年提出，其研究的关键在于发现有机生物与无机机器之间可以共通的控制、调节和反馈机制，并由此形成一个系统。在赛博格的构想中，人体与机器的反馈互通，实际上就是控制论应用所衍生出的早期畅想。

控制论的提出标志着有机与机械从对抗转向协同。在控制论的视角下，生物和机器本质上都是信息处理实体。[20] 控制论中对生物和机器的反馈和调节系统的核心是信息流，信息的生成、流动、获取和分析成为控制的关键。通过信息将有机物与机器连接，在探究机器操作的基础上，控制论试图囊括自然生物体这个之前被排斥在外的分类。人工智能和复杂性科学等当下的前沿研究都能找到控制论的基础，而控制论本身则常常被这些衍生出的学科所遮盖。

从控制论的角度来反观上一节中所提到的有机砖、原生细胞涂料等生物材料，这些试图囊括自然生物机制的材料虽然能够被有效地利用，但其中仍包含着许多无法控制的偶然和无序，与外部环境产生信息反馈的范围与深度也值得进一步探究。也就是说，上述材料的生长过程所体现的"复杂性"并没有被充分彰显。

控制论中对机器与生物的贯通，在建筑领域也有着富有启发的尝试。英国建筑师塞德里克·普莱斯是将控制论引入建筑的先驱之一，他试图通过控制论的机制让建筑这层中介能够具有与人和环境互动的能力。普莱斯最具代表性的作品是设计于 20 世纪 60 年代的伦敦娱乐宫（London Fun Palace，图 2-16），由他和前卫戏剧制作人琼·利特尔伍德 (Joan Littlewood)，以及控制论科学家戈登·帕斯克合作设计。伦敦娱乐宫的设计方案直到今天来看都十分超前，当下由人工智能为基础的人机交互，在这个建筑项目中已具有了雏形。伦敦娱乐宫是一个没有围合的框架，框架内包含

信息（Information）
根据计算机科学家香农的理论，信息是用来消除不确定性的东西，它是一种非物质、非能量的第三要素。通过比特（bit）这个单位，信息从此可以被测量。

塞德里克·普莱斯（Cederic Price，1934~2003 年）
英国前卫建筑师，曾执教于伦敦建筑联盟学院，虽然他对建筑的探索不为了建成而妥协，大多项目只停留在图纸上，但是他走在时代尖端的超前思维使他的建筑作品具有独特的创造性，是电讯派的精神导师。

戈登·帕斯克（Gordon Pask，1928~1996 年）
英国心理学家和控制论学家，提出了控制论的建筑相关性，考虑通过一种更系统、更强调反馈的方式来设计建造。虽然不是建筑师，但他却是伦敦建筑联盟学院的常客，参加学院的评图并举行讲座。

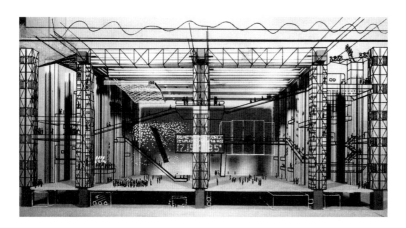

图 2-16　伦敦娱乐宫

着可以自由移动的报告厅、墙体、走道和楼板模块。伦敦娱乐宫中的模块由于感应器的接入，在接受人类活动和天气状况的信息后，可以产生对环境的理解，作出反应、反馈并主动移动组装。由此，信息不仅是内容，更是不断产生出建筑状态的指示。建筑与人的活动通过信息串联起来，被归并为一个系统。

　　普莱斯与合作者们希望利用控制论的原理来营造出面向大众的互交式环境，让建筑能与社会需求和自然状况互动。建筑由此可以依据人来人往的相遇所引发的不同活动和需求进行不断的重组，产生动态多变的人造环境，以此来鼓励使用者的即兴参与，并激发他们的创作灵感。没有固定功能，没有永恒形态，没有凝固空间，伦敦娱乐宫设想了一种全新的建筑范式，成了一个能够应对不断变化的社会需求的即兴结构框架。

　　在伦敦娱乐宫之后，普莱斯在 1976 年设计了更为互动、更加智能的"发生器"项目（Generator）。"发生器"是一个智能化的教育和娱乐中心，包含着被编程的模块化单元，机器学习的机制在这个项目中被进一步探索。发生器中的单元不仅可以由使用者控制，更可以主动向使用者推荐由以往经验的成功与失败所总结出的空间组合，也就是具有初步的机器学习的能力。与伦敦娱乐宫不同，"发生器"中没有了巨构一般的结构框架，因此不再受到固定的、规则的巨构局限，每一个单元都是构成整体的重要组成部分，成为智慧的集群。

普莱斯的建筑虽然因为技术超前、资金缺乏等原因没有实现，但却是建筑对信息反应环境的先锋尝试，其中建筑的能动性和互动性可以视作是智慧建筑的前身。未被建成的伦敦娱乐宫更是成为电子时代动态建筑的范式，之后影响了 1970 年大阪世博会中由矶崎新等建筑师设计的节日广场，1977 年建成的蓬皮杜中心也从中汲取了造型灵感。

普莱斯的建筑愿景在控制论的机制下成了能动的智能机器，通过对人和环境状况的动态反馈，将它们贯通为一个整体系统。它的运行不是基于已经设定好的规则，不再局限于机械式的运动，而是在信息环境中与参与者动态互交式地改变。

因此，建筑在普莱斯的构想中是技术系统的组成部分而不是机器形式的表达方式。它可以被看作是柯布西耶的象征式机器建筑和富勒的被动式机器建筑之外的另一种主动式机器建筑。虽然普莱斯的建筑在材料和构造上没有颠覆式的创新，但其建筑中所蕴含的能动性和对周围生物和环境的反馈能力，使其已经具备了初步的智能特征，正向着某种智慧体的方向迈进。建筑不再由建筑师设计并决定其最终的形态，而是强调建筑的自我适应和自我组织，把决定建筑形态的机制留给人类活动和自然环境。在信息和数据的影响和决定下，建筑不再是仅仅依靠建筑师个人思考所产生的结果，而是让位给了基于信息的统计。信息的来源也不再是事先的预设，而是时刻更新的即时反馈。建筑成为社会活动的一种参与者，在混乱之中产生秩序，一方面受信息流的控制，一方面又是万变信息的输出。

巨构与舱体

虽然普莱斯的构想至今没有得到实现，但在人工智能、传感芯片正不断攻克技术壁垒的趋势下，普莱斯的建筑指引着一种更为升级的、互动性的建筑走向。在未来人造物与自然物的边界更加消融的前景中，普莱斯所构想的、能与人产生互动的建筑又将产生什么样的更迭？这些嵌入智能化运算的单元有没有可能和具有生物性质的材料相结合？这种融合了生物特性和机器特性的建筑，又将与增强的新人产生怎样的互动？

这一系列的问题或许在当下难以找到肯定的答案，但梳理这一章中所提到的各类先锋案例却可以提供思考这些问题的线索。在"机器"和"生物"这一组时间维度的技术发展所驱动的思潮变革之外，我们还能发现在许多先锋的未来想象中都希望能突破建筑作为中观尺度构筑物的局限，在空间维度一方面外向"离心"地朝环境无限扩展为覆盖广泛的"巨构"，另一方面内向"向心"地朝人体无限逼近为贴身的"舱体"。这其实也是建筑作为人与环境之间中介的最直接的体现。如果这层中介变得局限和死板，那么需要对其进行前瞻性的思考，需要分别从"人"与"环境"这两端去寻找突破的可能。

用"巨构"和"舱体"的思考方式来回顾上述所提到的案例，

第一机器时代的未来主义构想的是巨构，富勒的戴梅森住宅可以看作是舱体，第二机器时代中电讯派和新陈代谢派则在巨构的框架中结合了量产的舱体。新陈代谢派的中银大厦包含着胶囊单元和中央巨构一般的功能核；电讯派的插件城市包含着插电组件与城市尺度的巨构构架；伦敦娱乐宫也包含着巨构一般的网架结构和起吊机等机械装置，来安放各类舱体般的部件。而电讯派的气垫车、蓝天组的穿戴器械，以及奥克斯曼的穿戴衣物实际上是舱体构想的延续，进一步把离身的舱体建筑构想为贴身的、与人体互相依附的、如赛博格一般的装置。

实际上，"巨构"与"舱体"这两种设计思维在建筑中有着广泛的回响。"舱体"体现了建筑作为人类庇护的功能理想，用以抵挡环境中的危险并提供宜居的微环境。赛博格实际上是"舱体"构想的装置化、具身化的延续。原始棚屋也可以看作是舱体的原初形式，特别是在戈特弗里德·森佩尔的《建筑四要素》中还特别囊括了火塘这种能量的供给设施。[21]"巨构"实际上也可以理解为是一种可以无限复制、无限铺开的架构，柯布西耶著名的多米诺体系就可以看作是巨构的一个单元，可以通过复指在水平向和垂直向进行无限的延伸，并以此奠定了当下高密度城市形态的基础。巨构从实用的角度来看是一种基础设施，是一种人类对自然环境的干预，以便于高效集约地利用资源。无论是中银大厦的功能核，还是插件城市和伦敦娱乐宫的框架，其巨大的尺度都架起了物质、能量和信息流通的基础。

将这些通道一般的基础设施进行可居住化、建筑化的功能叠加，也是巨构思路下常见的建筑手法。无论是从超级工作室在1969年构想的"连续纪念碑"（Continuous Monument，图 2-17）

戈特弗里德·森佩尔（Gottfried Semper，1803~1879 年）
德国建筑师、作家、画家、教育家，意大利文艺复兴艺术理念在欧洲的传播人，新文艺复兴建筑在德国及奥地利的代表人物。

超级工作室（Superstudio）
意大利先锋建筑团体，活跃于1966~1978 年。该团体几乎没有建成的建筑，却通过渲染图、拼贴画和影片等形式，展现引人深思的反乌托邦愿景。他们的设计理念深刻影响了雷姆·库哈斯和伯纳德·屈米等建筑设计师。

图 2-17　超级工作室的连续纪念碑

图 2-18　鲁道夫的跨曼哈顿高速路

图 2-19　盖尔·海因里希斯的高速路住宅

中所展现的浪漫想象，或是保罗·鲁道夫在 1967 年创作的跨曼哈顿高速路（Cross-Manhattan Expressway，图 2-18）中所描绘的建筑场景，或是盖尔·海因里希斯（Georg Heinrichs）于 1981 年实际落成的延绵 600 多米的高速路住宅（图 2-19），都见证了建筑师将基础设施与建筑融合的雄心从构想到落地的过程。

　　"巨构"与"舱体"的视角不仅仅局限于对建筑的思考，它也是一种更为普遍的组织物质流通系统的逻辑基础。基础设施一般的"巨构"是承载各类交通"舱体"的通道。海运集装箱自 1968

保罗·鲁道夫（Paul Rudolph，1918~1997 年）
美国建筑师，曾在耶鲁大学建筑学院担任了 6 年院长，并设计了美国粗野主义建筑早期代表作之一的耶鲁大学艺术与建筑大楼。

年开始成为标准化的舱体，在遍布世界各地的如巨构一般的港口设施和火车网络中像插件一样被移动。[22] 近期由 BIG 建筑事务所领衔设计的超级高铁项目（Hyperloop One）也体现出类似的"巨构—舱体"二分逻辑。一个个自动驾驶、如房间一般的移动舱体在超级高铁站台连接组装后，可以在地球表面上不断延展的巨构管道中高速运输，让人足不出户就能到达千里之外。如果这种超级高铁得以大规模实现，那么以这种移动舱体为标准模块的其他基础设施也将如多米诺骨牌一般在世界各地铺开。交通工具可以成为无人驾驶的智慧移动舱体，在运输功能之外也能成为工作生活的场所。舱体的立体停车库可以成为办公大楼；道路不仅仅只是运输的通道，也是工作生活舱体的移动平台（图 2-20）。正如我曾在"泛建筑学"中提倡的打通建筑与载人工具之间的分类与间隔，载人工具或许也会与建筑高度互联，成为建筑的一部分。[23]

图 2-20　BIG 领衔设计的阿联酋超级高铁

综上所述，在巨构的设想中，建筑能够以巨大化的特征展现人类利用技术对地球环境的掌控与征服。它是在无限的几何空间中追求秩序和效率的操作，是对宏观的公共领域的覆盖，是集约集体的基础设施。在舱体的构想中，建筑能够与人体高度结合，甚至拓展人的身体机能。它一方面提供了高效量产的居住解决方案，另一方面提供了自由移动的灵活生活方式。巨构是安置模块化舱体的基础框架，舱体是巨构中人类得以自我维持的插件，巨构与舱体互相独立又互为条件。

"巨构"和"舱体"这组二分理解实际上也呼应了建筑学中两种看似对立的对空间的理解。用建筑理论家阿德里安·福蒂的话来说："空间既可以是物理属性，有关维度和广度，可以利用几何来测量和解释；又是一种意识属性，是感知世界的一部分，需要考虑人的感官体验与精神构建。"[24] 就是说，空间既是一种客观的有关地球环境的物理概念，也是一种主观的利用身心感受的感知形式。这两种对空间的思路，正是巨构和舱体所体现出的、基于环境和基于人的双向理解。"巨构"中所强调的物理的、地球环境的空间理解试图获得空间的准确自然属性，并以此作为建筑空间的理性基础。这种空间所基于的"几何"（geometry），从英文词源来看，即是一种对地球的测量操作。"舱体"所强调的具身的、感知的空间则是基于个体感官对空间的感受，是影响着人类在各种媒介滤镜下对宇宙环境的有限感知。

建筑学中关于巨构与舱体这组畅想未来的线索，实际上是希望通过空间的操作来建立集体与个体之间的新秩序，是"社会可以通过空间进行改造"这一信念的表达，是一种乌托邦式的构想。然而，"巨构"和"舱体"这组二分体系也有着自身难以避免的弊端，这也是它在看似有着闭环的逻辑下，仍未成为当下普遍的人居环

阿德里安·福蒂（Adrian Forty）
英国伦敦大学建筑历史教授，其著作包含《词语与建筑物：现代建筑的语汇》《混凝土和文化，物质历史》等。

境的原因。从一方面来看，自上而下的、难以变通的巨构简化了多元环境的影响和复杂的人群活动，忽略了社会的变化和时间的力量。班纳姆曾经指出，巨构这种巨大臃肿的建筑物，因为无法适应不断变化的环境，必将趋于消亡。从另一方面来看，量产同质的、工具一般的舱体则将房屋和家呈现为被清晰量化的、家电般的消费商品。商品的抽象交易价值被凸显，而家的情感积累却被淡化。这些自给自足的舱体也阻隔了家庭和社区的人际交往，加剧了孤立自闭的生活状态。

系统与端口

虽然"巨构"和"舱体"这组体系面临着诸多质疑，但对于在生物技术和信息技术冲击中未来越加难以捉摸的建筑来说，这组体系仍然是开启思考未来的出发点。"巨构"的思路将建筑的领域拓展到宏观的环境治理，"舱体"的思路则将建筑的焦点聚焦到微观的人体需求。毕竟，如果建筑试图在中观的空间尺度上产生突破，在技术的加持下必然需要回应宏观尺度的环境和微观尺度的人体。

"巨构"和"舱体"会有怎样的迭代呢？第一章中所论述的关于"新人"的状态提供了思考的线索。人、"赛博格"、"新人"体现了"生物"、"生物与机器拼合"、"生物与机器融合"这三种不同的范式。"舱体"的逻辑实际上是基于"赛博格"中"生物与机器并置"范式下的构想。在"生物与机器融合"的范式中，在"新人"外表难以察觉却在各方面都增强的构想下，"舱体"这一概念或许可以被迭代，转化为与人体完美融合的"端口"。

环境也有着类似的范式变化，从一种纯"自然"的环境，转化为"自然与技术并置",再进一步转化为"自然与技术叠合"。"巨构"般的基础设施就是"自然与技术并置"范式下的构想。在"自然与技术叠合"范式中,在未来"人造地球"全域化、多维度的视角下,凝固的"巨构"或许将升级为动态的"系统"。

无论是"新人"中所体现的"生物与机器融合",或是"人造地球"中所体现的"自然与技术叠合",都体现出在控制论和复杂性科学的覆盖下,未来科技系统与自然系统之间的某种对等关系和共通性。凯文·凯利也提出,随着生命与机器的不断延展交融,人造物将表现得越来越像生命体;生命变得越来越工程化。人们在将自然逻辑输入机器的同时,也把技术逻辑带到了生命之中 [25]。他举例说明,电网、计算机程序等人造的系统都可以像生物体一般对自身进行修复、复制和组装,计算机算法程序在自我机器学习的进程中可以不断进化,甚至可以超过程序员的预期。这种能够自我进化的程序,或许不应该仅仅视作模拟生命的模型,而更应该关注其中所暗示的生命特征 [26]。

"巨构"与"舱体"都是建筑曾经试图突破单层的围合中介,在中介的两侧进行拓展的范式:一方面向外应对更宏大的环境,另一方面向内应对更微观的身体。而在技术发展的推动下,这组曾经构想未来建筑的逻辑,或许可以被迭代为"系统"和"端口"。"系统"和"端口"是基于巨构与舱体思路的反思、延续与更新。在第三章中,我们将论述环境如何被"系统"升维,而在第四章中将讨论新人如何依靠"端口"生存。

3

环境的系统升维

3.1 人与环境中介的再思考

　　建筑是人与环境之间的中介，这层中介不仅可在两者之间创造出一层维护性的分隔，更能够对内面向微观人体、对外面向宏观环境进行营造。

　　在宏观的环境层面，在"巨构"思路的影响下，建筑学曾在 20 世纪 90 年代通过景观都市主义产生了对地理和环境的转向。这个思路继承了"巨构"的思考尺度，通过基础设施层面的干预来实现建筑的理想。与正统"巨构"思想不同的是，景观都市主义强调把对单体建筑物的思考扩大到对复杂自然环境的思考，把对静止构成的推崇转移到对动态过程的关注。在景观都市主义的视角下，地理化和地质化的思考超越了城市和自然的二元对立，景观公路、大坝等在自然中的基础设施都可以看作是建筑对地理的景观化干预。因此，环境中的系统和变化过程都成了建筑的思考对象。[1]

　　景观都市主义又进一步启发了建筑在宏观尺度上的思考。宏观的建筑将不再局限于体积庞大的、物质层面的巨构，因为这种巨构的思考意味着预设的、稳固的、无法变通的结构。当下，信

景观都市主义（Landscape Urbanism）

将城市理解成一个生态体系，通过景观基础设施的建设和完善，将基础设施的功能与城市的社会文化需要结合起来，使当今城市得以建造和延展。该主义是当今城市建设的世界观和方法论，其中心是强调景观是所有自然过程和人文过程的载体。

息技术和能源技术正不断在环境中堆叠出无形的控制网络，逐步形成了地球尺度的运算操作系统。[2] 建筑在宏观层面的思考需要突破"巨构"物质层面的形态桎梏，进一步拓展为能够叠合在环境中的信息和能量维度的"系统"。

信息和能量"系统"在宏观尺度将地球人造化、将自然技术化，这也正对应着新人设想中自然物与人造物相互渗透的趋势。信息和能量"系统"相比于"巨构"，摒弃了自上而下的固定形态，而更像是一种开源的平台或是界面，能够通过自下而上的参与不断地自我更新，随着参与个体的输入而不断产生递归式的变通。这意味着建筑在图底关系中不再是"图"，而是转变为"底"的一部分。

信息和能量这两种系统将产生对环境体系升维性的理解。升维是一种思考和实践模式——把在当前维度无法明确和解决的问题通过提升维度来获得更广域的视角和更根本的破解方法。比如三维模型能够清晰地传递出二维中难以表述的问题，而信息和能量系统带来的升维视角能突破有形的物质维度的局限，通过开启无形的信息维度和能量维度的思考，来降维解决物质世界的问题。

在微观的人体层面，在"舱体"思路的回响中，无论是黑川纪章已实现的包含一体化信息设备的胶囊舱体，还是电讯派构想的与人体高度结合的气垫车，都试图将建筑这层中介向内缩紧，或是成为包裹着人的舱体，或者成为赛博格式的增强器具，以义肢化的形式附着在人体之上。"新人"的设想则超越了这种赛博格式的半机半人的拼贴，使人不会像蜗牛一般将建筑当作寄生在身体上的沉重躯壳，使人更容易接受各种能够进行中介性调和的增强技术，以难以察觉的方式融入人体和贴身的设备当中，变得

递归（Recursion）

一种程序调用自身进行循环运算的算法。它不是重复，而是如螺旋般循环，在运行的过程中不断调用自己，回归自身来决定自我。斐波纳契数列是典型的递归案例。能够把一个大型复杂的问题层层转化为一个与原问题相似的规模较小的问题来求解，递归策略只需少量的程序就可描述出解题过程所需要的多次重复计算，大大减少程序的代码量。

无感化和去物质化。

因此，建筑在微观尺度上的思考将不再仅仅是如"舱体"般原子化的空间单元，也不是赛博格一般附着在体外的义肢化辅助增强，而是将技术以不被察觉的方式进行"端口式"的内化。因此，建筑不应再被类比作人类的"衣物"，而更像是人类"皮肤"的组成。通过端口与人造地球中的系统传输连接，"舱体"所强调的物质围合或将被能拓展人体机能、补给生存需求的信息和能量"端口"所代替。

人造地球中的"系统"和增强新人的"端口"弱化了"巨构"和"舱体"中自上而下的宏大视觉，突出了循序渐进的发展机制，减少了对终极形态的预测，增加了动态演化的过程。在"巨构"和"舱体"的构想中，建筑这层中介与环境和人体的边界都非常清晰。在未来"系统"与"端口"的设想中，建筑通过升维环境和增强人体的新范式则可能消融于环境和人体之中。未来以元宇宙为代表的开源和去中心化的系统，也意味着"系统"和"端口"不再是层级的关系，而是互构的关系，也就是说，系统能影响每个端口，而每个端口也能改变系统的构成。

"巨构"转化为"系统"意味着，建筑学在宏观尺度需要外向拓展为对地球甚至宇宙环境中信息和能量系统的构建。通过信息和能量系统对环境的升维理解，在调节环境时将不仅只是画地为牢式的隔绝，更是影响范围的主动扩充。"舱体"转化为"端口"意味着，建筑学在微观尺度需要内向延伸为对人体甚至细胞在技术手段下的增强。通过关注新人增强趋势下的生存状态，在应对人体时将不仅仅只是围合式的庇护，更是内化为人体的干预性增强。这正呼应了第一章中所提到的："技术是生存性的，也是环境性的。"[3]

信息与能量系统所架构的人造地球会给建筑的未来带来怎样的影响？信息维度里大数据算法和虚拟世界的叠加、能量维度里新能源的生产和能量传输的精准调节，这些在人造地球趋势下的建筑需要关注和回应的变化，将是这一章展开探讨的话题。

3.2 弥漫的信息系统

信息维度的叠加

第二章中提到的普莱斯的建筑，试图把信息这个非物质的要素引入建筑的构成。这打破了建筑仅仅作为物质建构的常理，使建筑成为物质环境和非物质的信息环境的叠合。伦敦娱乐宫中对信息的处理、对能量的控制以及对人的回应都可以看作是一种初步的升维系统的构想。在半个世纪后的今天，地球环境中日益成熟的信息系统经历了怎样的发展？又将带来怎样的愿景和许诺？

前两章所建立的"微观 - 宏观"的空间维度轴和"机器 - 生物"的时间发展轴为这些问题提供了梳理和思考的切入点。

在超越个体的宏观层面，对自然数据的监测似乎具备更宽容的舆论环境。"系统化全球地球观测制度"（GEOSS）已经越来越完善，能够对许多重要的地球地质过程进行追踪，对大气气体构成、地壳地质运动、生态系统活动等多个领域开展信息搜集和数据分析，为风暴、洪水等灾害预测、资源开发利用等提供必要的支持。这为人类向深海、深空和深地这"三深"领域拓展提供了基础。此外，"天琴一号"卫星能够获得全球重力场的数据来展示地球系统动力学过程，并被用于测量、勘探、国防安全等领域。美国太空探索技术公司（SpaceX）、OneWeb 公司，都分别计划向

系统化全球地球观测制度（GEOSS，Global Earth Observation System of Systems）

其目的在于对地球进行广泛、协调、持续的观测，以改善对地球现状的监测能力，提高对地球系统行为的预测水平。通过联合卫星观测和地上观测数据，它将成为一个广泛应用的全球性公众基础设施，提供即时的环境数据、信息和分析结果。

太空发射大量的近地轨道卫星以组成各自的超级卫星星座，并以此建立起覆盖全球所有区域的通信和互联网系统。这些超级卫星星座尽管打着让地球上的每一寸土地都能通过宽带连上互联网的旗号，但也有着抢占低空轨道空间这个有限资源的巨大争议，有可能使近地球的区域变成一个充满人造太空垃圾的雷区（图 3-1）。

图 3-1　人造卫星群

而在卫星与地面基站之外，2014 年开始的谷歌气球项目（Project Loon）提出一种新颖的、建立信息系统的第三种方案。Loon 解决了位于大气层之外和地面之间的连接问题，一个气球可以抵 200 个基站以及覆盖 11000 平方公里的面积，这为偏远地区和遭受自然灾害而断网的地区提供了局部通信和互联的便捷方案。尽管项目因商业运营成本问题于 2021 年结束，但这 10 年来所积攒的气球发射、停留和飞行技术都具备着继续服务人类的价值。

地球环境在卫星图像所缝合的地图中变得越来越能够被量化、可视化。覆盖着地球环境各个层面的大数据所构成的数据景观成为对环境最直接的信息化升维，成为地球尺度的运算系统。在高精度定位技术的协助下，全球卫星定位系统的精度正从"米"提高到"厘米"级别，整个地球的场域在这些计算中都能够成为如自动驾驶汽车、送货机器人等进行精准行动的矩阵。耗费了几个世纪的探索，曾经人类难以理解的天地缩微成为一个可以实时观测的球体。

在我们熟知的中观尺度，随着智能手机的普及和高速网络的覆盖，人们已经几乎能够在任何时间和地点处理信息，获取数字化服务。但当下的信息网络的覆盖仍然是局部的、片面的。普适计算描绘着将计算能力从单一的计算机界面融入物理世界万物之中的愿景。由此，无论是建成环境或是自然环境中的人造物或自然物，都有着被囊括进入密度越来越高的物联网（Internet of Things）的趋势中，成为信息系统中的参与者和构建者。这将使整个社会环境都变得数据化，让人类进入一个不再受数据局限、甚至是有着取之不竭的数据的新社会。[4] 数据监管也因此成为备受关注的新议题。数据可以带来多大的便利，就意味着背后蕴藏有多大的隐患。

随着传感器、芯片等元件日益低价化和微小化，人造环境中的各类用品都有着收集数据、传递信息、成为更为响应的智能化物品的潜力。自然环境中温度、湿度、光照、风向、声响、生物活动以及多种化学物质的浓度水平也都可以通过传感器来测量监控。无处不在的高速 5G 信号基站、能够识别人脸的摄像头，是环境中这个巨大而不可见的信息系统的触角，架构起人类理想中更为先进的"智慧城市"管理平台，编织出更为高效的物质流动和运转的世界。

普适计算（Ubiquitous Computing）

由马克·魏瑟在 1991 年提出，又称普存计算、遍布式计算、泛在计算。它强调计算和环境融为一体，而计算机本身则从人们的视线里消失。在普适计算的模式下，人们能够在任何时间、任何地点以任何方式进行信息的获取与处理。

摄像头和传感器对人体特征的采集和识别，也促进越来越多的有形的、沉重的物件被无形的、自生产的信息所代替，如钥匙被指纹、遥控器被声音、通行证件被面部识别所代替，等等。[5] 因此，现有环境营造中对有形物件的保管思维应当逐渐转变为对无形信息的监管思维。

在建筑实例中，麻省理工学院媒体实验室在 2011 年进行的"双重实验室"就是一个实验性的尝试。遍布在教学楼的传感器所收集到的使用数据可以在大楼的"数字孪生"模型中自动、实时地更新。经验证登录后，用户可以在任何地方、任何时间查看整栋楼内任何房间内包括温度、声响、使用者活动等各类实时数据，由此，大楼的日常使用状况在量化的数据流中变得可视化、易管理化。[6]

在城市尺度，谷歌旗下的 Sidewalk Labs 在多伦多码头区（Quayside）规划的智慧街区便是一个雄心勃勃但却最终夭折的项目。从 2017 年至 2020 年，Sidewalk Labs 描绘出一个基于数据驱动和运营的未来城市图景。在这个基于泛在的传感器网络的城市愿景中，每家每户都将通过传感器来调节能源使用、高效管理垃圾分类和清运。每街每巷都覆盖在摄像机之下，不仅能监控自动驾驶汽车，还能通过人工智能分析交通模式，改变人车通行的宽度以适应不同的通勤状况。这个信息网络将不断收集环境数据和人类行为数据，城市中的人、汽车、建筑、道路等万物都变得互联、可感、可控。城市也在数据形成的反馈中，不断发现问题解决问题，成为能够自我调节的有机体。Sidewalk Labs 构想的智慧城市有望带来安全便利和低碳高效，但其最终的夭折也指向了目前仍无法妥善处理的数据隐私问题。未来城市的智慧必须依托于数据驱动，但数据的采集、存放、分析、应用的主体和规则仍然需要谨慎思辨，以避免互联网巨头形成数据霸权，损害个体或群体的利益。

在微观层面，相比于宏观和中观层面讨论的信息环境与现实环境的叠合，微观层面的视角聚焦于探究信息的构成单位"比特"与物质的构成单元"原子"之间结合的可能。比如麻省理工学院由尼尔·戈什菲尔德主导的比特与原子中心，以研究计算机科学与自然科学的边界为主旨，探究信息化材料与数字化制造的各种可能性；再比如斯卡拉·蒂布茨（Skylar Tibbits）主持的自主装实验室（Self-Assembly Lab）研发的自组织自装配的材料，通过在材料中植入信息，使物质能够自行聚合和组装，最终形成具有功能性的结构，并能够随着环境和时间的推移不断调整。

包含着信息的材料也可被视为被编码的材料。在信息编码的物质世界，物质的操作方式将不再限制于人类和机器的中观尺度，而是需要扩展到微观的比特与原子的交互。通过微观尺度的编码设计，来激活自生长的能量，引导自修复的流程，控制自适应的状态。

因此，信息比特正不断深入最为基础的物质构造当中。物质世界将不仅仅是原子之间的聚合，而是信息化物质的互动。物质性与信息性或许可以视作连续梯度的两端，更多原子则更趋近具体的、更能被触感到的物质，而更多比特则更靠近无形的、更能联网流动的信息。

此外，微观的研究视角也在探究着信息载体和运算介质突破基于硅基人造物的限制，而成为某种自然物与人造物的结合。生物中的 DNA 单元被发现可以作为比硬盘信息密度高 100 万倍的存储介质。[7] 在信息量呈指数级增长的未来，硅基的人造芯片或许将不再是最高效的介质，人类存储信息的方式或将面临又一次的升级迭代。在生物和机器边界越加模糊的前景中，如果 DNA 可以成为微型的信息载体和运算介质，那么整个生物界是否可能被联网

尼尔·戈什菲尔德（Neil Ger-shenfeld, 1959~）
麻省理工学院教授。他的研究聚焦于物理学和计算机科学的跨学科领域，探究物理世界和数位世界之间的边界。

比特与原子中心（The Center for Bits and Atoms，CBA）
2001 年在麻省理工学院媒体实验室建立。这个跨学科的中心关注信息与其物理载体的交集。

成一台巨大的、人类能够破解并编程的计算系统，并以此来揭露自然中的复杂机制和混沌状态？

如此，在未来信息系统掌控世界的寄望中，产生数据的源头和范围将无止尽地增长，影响数据传递速度的中介和阻塞将会被无限量地削弱，而我们，是否做好了在思想观念与现实操作层面接受这种异化的准备？一方面，物联网的渗透将越来越多的人造物和自然物连接进网络，成为开采不竭的数据来源；另一方面，生物技术不断揭开自然生命体的奥秘，曾经作为先验主体的人的生理状态和感知反应不断被物化成为众多信息代码中一行冰冷的数据。或许未来将如凯文·凯利总结的那样："整个世界都会和各类设备交织在一起，网络会延伸到这个星球的各个物理维度"[8]，包括每个生命的肉体，乃至意识。

智能的互动

建筑的空间形态曾经来源于敬畏自然的朴素生存需求、崇拜宗教神权的精神信仰，或者实现行为功能的理性推导，而今面对信息系统的数据智慧，建筑的空间正义是否会迎来新的思维迭代？

信息系统所产生的海量数据将是其产生智慧能力的基础，这些被提取出的数据需要进一步通过清理、转换并整合为"信息"。而信息可以在算法的作用下被分析和判断，得出结论，这意味着信息被进一步升级为"知识"。

如果说信息是机器和生物联系的基础，那么算法则是机器和生物共通的语言，[9] 成为机器和生物之间交流共享"知识"的途径。算法是基于计算介质中机器学习的程序所得到的信息分析

DNA 存储（DNA Storage）
DNA 存储技术通过利用基因的 A、C、T 和 G，而不是利用电脑编程的 0 和 1 来进行信息和数据的收集和处理。

能力，是环境中信息系统智能化的体现。算法需要强大的计算能力的支撑。通过当下云计算和边缘计算的处理，以及未来量子计算机的预期，它将为人类社会带来指数级的信息分析和处理能力的增长。

当人造物、自然物甚至自然现象都被囊括进信息系统并提取出相应的数据，当这些数据能够被计算介质中的程序整合为信息，当这些信息能够被算法分析判断为知识时，这些知识是否有可能进一步升级为类似于人类的"智慧"？

"智慧"的前提是能够对原环境状况做出具有针对性且适宜的操作，并能根据条件的变化进行反馈式修正。它的实现即是信息系统的目标，即在地球尺度信息系统中，通过无处不在的计算介质来突破独立电脑计算能力的限制，让分散于万物的计算介质建构起对使用者和环境的敏锐察觉和判断。由此，人造物和自然物都能在充满信息和计算能力的升维环境中进行反馈式的交往，这也意味着整个地球都将实现控制论的理想。

在这种设想中，建筑又会有怎样的想象？一种直接浅显的推论便是这种信息系统将为建筑智能化的发展提供完备的基底。普莱斯在伦敦娱乐宫中互动式建筑的构想或许能够以一种不那么激进的方式与建筑的围合元素进行结合。比如，门可以识别身份，地板可以记录使用者数量和行踪等。在这种思路下，建筑的构成部分成了能够与人交互并产生数据、分析数据的智能化模块产品。在智能化模块建筑产品的基础上再进一步拓展想象，在广阔的信息系统中，建筑元素或许可以像自动驾驶汽车那样根据需求自主移动。当生物机制加入和信息物质载体升级后，这些建筑元素将不再是墙板或楼板这类传统建筑元素，而是由内置信息的、具有生物机制的超级材料所构成的、自主的、可变的"生物机器"。

量子计算机（Quantum Computer）

量子计算机存储和处理数据的方式与经典计算机完全不同。量子计算机中包含了遵循量子定律的量子比特，它们可以在同一个时间出现在不同的地方，同时为 0 或 1，进行不同的运算，由此极大地提高了计算速度。它能够快速破解密码，更能进行仿真试验、模拟新药和材料的分子精确行为等。

这些生物机器般的建筑元素能够自我建造、自我维持和自我修复，能在信息环境中与增强新人便捷地"沟通"，能通过更加智慧的运动构建出建筑的轮廓，或通过形变成为建筑这层动态中介的组成。

然而这种构想还是基于建筑需要成为一种围合的常规思路之上。在增强新人和升维环境的前景中，能够与人和环境互动的建筑能否突破建筑作为围合的固化思维？

由迪勒、斯克菲迪奥与伦弗罗建筑事务所在 2002 年瑞士博览会建造的临时建筑"模糊建筑"（BLUR）便是一个挑战了常规建筑学、具有前瞻性的信息化环境的实验性案例（图 3-2）。建筑在这里成为一种基于信息环境并能够与人产生反馈式互动的人工化自然现象。"模糊建筑"坐落于瑞士纽夏特湖上，建筑包含了 35000 个能够抽取湖水并将其转化为水雾的高压喷头，这种人造的水雾环境成了建筑的构成。每一个参观者都将穿上内置传感器的雨衣，带着传感端口的雨衣即可看作是一种附着在人体上的赛博格式义肢。建筑通过计算机系统将高压喷头与传感器相连接，将参观者的活动进行统计反馈来控制水雾的浓度，以适应不同的天气条件和人群状况。"模糊建筑"颠覆了建筑需要在易变的自然环境中营造出稳定围合的理解，建筑本身成了人与水雾互动所产生的实时数据下的动态环境，成了复杂系统中不确定因素的直观展现。模糊建筑所呈现的信息化、反馈式的人工化自然环境，为思考建筑在信息系统下的可能性开辟了全新的思路，启发着一种全新的看待建筑、思考建筑的模式。

迪勒、斯克菲迪奥与伦弗罗事 务 所（Diller Scofidio + Renfro）
位于纽约，成立于 1981 年，是一家跨学科设计工作室，集建筑、视觉艺术和表演艺术于一体，关注文化与公共建筑项目。

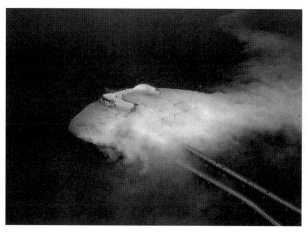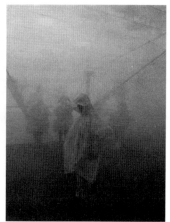

图 3-2　迪勒、斯克菲迪奥与伦弗罗事务所的"模糊建筑"（BLUR）

　　这种思考建筑的模式在信息系统不断拓展其领域的前景中变得十分重要。在信息系统赋予万物智能的愿景中，建筑除了成为信息环境中能够互交反馈的积极智能载体之外，建筑的方案构思与生产建造、建筑的使用体验与外在形态，都在呼唤着新的思考范式的出现。

大数据的新理解

　　信息系统的发展使得数据的重要性逐渐呈现在世人面前，其中对大数据的发掘利用尤其加深了人类对自身和外界规律的认识程度。

　　大数据思维将是继经典物理学所信奉的机械思维之后的新思维和认知范式。它不再关注因果思维下的线性模型和公式，而是关注一个个案例之间的动态关联性和递归性。递归性意味着新的输出可以继续变成输入，不是单线性的机械重复，而是反馈式的循环提升。只要数据量足够大，就可以找到契合这些数据的数学模型，虽然其中的逻辑推导过程不一定完全清楚，但却能够解决难以利用人类逻辑和理性分析破解的复杂问题，把用人类理性解决的智能问题变成依靠计算机处理的数据统计问题。这意味着大数据会让人类构想的各种理论模型变得多余。理论是一种构想，用来解释数据不足时"为什么"的问题，而当数据充足时，便能超越理论而自圆其说。

大数据思维被认作是一种"不可知的科学"，因为它可以产生有效的预测，却不需要依赖理性的理解和认知。这意味着机器能够利用自身的逻辑解读信息。这种由数据驱动的方法是大数据的基础，也是人工智能革命的核心。[10]

大数据所擅长的是解决有秩序的复杂问题，这类问题一直是人类理性难以驾驭的问题。人类思维可以利用控制变量法来还原简化带有少数变量的问题，或是利用统计和概率来解释无穷变量的无秩序问题。而复杂问题则存在着难以确定数量且相互影响的变量。建筑作为应对人与环境的中介，在各类使用需求、规范规则、自然环境的约束下也正是复杂问题的典型。

数据的本质是人类活动与自然运行的痕迹。作为一种富含信息潜力的记录资源，它始终存在于每段历史的砖瓦与草木之中，而信息技术为我们提供了发掘数据资源价值的高效工具。由此而来的全新维度的数据视野，为建筑赋予了应对人与环境议题的新思维，也将给建筑的构思和产生带来新的依据和方法。

普莱斯正是意识到建筑作为复杂问题的本质，才希望通过数据和计算来提供最恰当的建筑解决方案。在普莱斯设计伦敦娱乐宫和发生器的 20 世纪六七十年代，电脑昂贵稀缺，收集和处理数据的能力与口径也非常有限。在这种限制下，普莱斯这些项目的动态交互模式仍是基于人类因果逻辑下的"小数据"操作。处理数据的架构也仍然是线性的输入和输出，这意味着无可避免地把环境因素和人群因素进行定量的简化。

而在信息系统的前景中，取之不竭的数据和越加全面的算法规则将能够对人文环境和自然环境进行更加全面和即时的分析和反馈，并从中挖掘出隐蔽在背后的复杂规律。人和环境都将不仅被数据所理解和定义，更将被数据所指引和修正。作为人与环境的中介，在信息系统对人和环境不断精准的量化趋势下，建筑会有怎样的发展？

当下的参数化设计虽然还没有接入大数据逻辑，但是其原理为未来提供了发展的铺垫。参数化设计通过将建筑场地的各类数据提取和量化，使建筑的形态有了基于对场地信息回应的理由支撑，而不是凭空想象的形象。其中一种参数化对场地分析的案例是空间句法。它把人类在静态的建筑空间中的各种活动和事件进行统计分析，并通过算法公式来模拟出人流的趋势和建成环境的活跃度。在这些数据分析的支撑下，建筑师不再仅是基于几何的思考来定义形式，而是能够通过挖掘整合场地中的各种信息，在内部力量和外部限制之间的互动与博弈之中得到最终的形式。

这些参数化的设计推动了建筑行业信息化的发展，在人类理性的思考之上叠加了机器的快速运算。然而，这种参数化设计仍然顺延着人类线性的机械思维去寻找参数中的因果逻辑，仍然需要设计师来定义参数模型的逻辑关系和信息处理的运算机制。通过人类理性思考得出的逻辑关系不一定是对环境最客观、真实、全面的理解。实际上，它仍是一种对现实环境中数据的局部提取和简化，因信息处理能力的局限而被迫通过"小数据"的方式尝试对复杂现实的局部形成有限的反馈。

参 数 化 设 计（Parametric Design）
利用计算机程序来分析建筑场地内各种因素和条件所产生的关系或规则。参数化软件可以把影响建筑设计的因素看作参数，通过逻辑关系找到各个参变量的规则，建立参数模型，在一端输入条件，另外一端输出形象，最后生成建筑形式。通过改变和控制参数的值，获得多解和动态的方案。

空间句法学（Space Syntax）
关于空间与社会的一系列理论和技术，认为空间不是社会经济活动的背景，而是社会经济活动开展的一部分。空间句法理论的基本思想是对空间进行尺度划分和空间分割，分析其复杂的关系。空间句法中所指的空间，不仅仅是欧氏几何中可用数学方法来量测的对象，也包括空间之间关联性的拓扑关系。

但在可以预见的未来，这种基于数据量化的新认知则有可能将建筑学中属于价值范畴的"场所精神"强行简化为一系列理性范畴的GPS定位和编码，将建筑学中具象的"场所"概念抽象为"空间"中时间、人物、事件的数据记录。无论是照度的场、温度的场、人流的场，所涉及的密度、流动等概念都是模糊而不精准的，而在升维的信息环境中，低分辨率的"场"有着被进一步定义为产生密度和流动的高分辨率的"连接"的可能。这些连接体现出的是人与人造物、与自然物之间信息、能量和物质的关联交互。摄像头高速精准地对人的识别、无人驾驶对周围环境的判断等，都是从低分别率的信息场域升维到高分辨率的具体连接的体现。场所这个地域性的现实概念也面临着被扩展为对环境和地质的全面的信息化扁平处理。

环境中影响场所感的各类因素，都能够在信息系统中转化为大量的模型来进行测试和分析。在数据源源不断地供给下，机器能够利用大数据试错来进行自我学习，并以此来不断升级算法。日益完善的算法或将带来一种新的建筑知识生成体系。无论是对地球重力场计算所得出的结构设计，或是对动态复杂的空气和风荷载监测所得出的立面造型，或是对温度耗能分析所得出的暖通系统，或是对人流物流使用统计所得出的功能布置，这些影响建筑的变量都能够被转化为计算机能够判断和优化的命题。

这种对环境的全方位量化理解也拓展了建筑可触及的范围，甚至提供了一种跨越自然现象和实体建筑之间鸿沟的可能性。日本建筑师石上纯也所构想的"将建筑看作环境本身"[11] 便是基于这样的技术基础（图3-3）。石上纯也笔下那些与风、云、天气产生互动的无限高、无限轻薄的诗意建筑，实际上需要依赖着反诗意地对自然进行祛魅化的量化理解。看似纯净诗意的轻、高、薄的建筑，看似美好地将自然现象与实体建筑融为一体，或许稍加不慎就容易陷入利用技术进行无限扩张的极端，在不断长高的塔楼、变长的桥梁、变深的隧道的推进中，将自然全面技术化并打造出以人类为中心的"人造地球"。

场所精神中人类的经验性理解让位于大数据，实际上是一种场所"祛魅"和大数据算法的"复魅"的过程。曾经让人敬畏的、无法理解的自然现象或许能被大数据破解。然而，人类难以理解大数据算法"黑箱操作"的过程，只能知道其结果，对其结果的唯命是从将产生一种盲目的推崇。大数据算法虽然能提供高效简化的结果指令，但反过来或许也不断侵蚀着人类以自身主观视角探究"为什么"的求知冲动，有着空洞化人类的知识和经验的危险。

场所精神（Genius Loci）

受梅洛 - 庞蒂的现象学的影响，建筑理论家克里斯蒂安·诺伯格 - 舒尔茨（Christian Norberg-Schulz）将人的经验感受具象化为场所精神。在建筑实践领域，从 20 世纪 50 年代开始，以十次小组为代表的年轻建筑师，批判了早期现代主义建筑中抽象、中立、无时间性的空间概念，提倡用有情景的、经验的、历史的"场所"概念来替代抽象的"空间"概念。

图 3-3　石上纯也个人展中设想的覆盖在环境之上的建筑

因此，对算法设计或许需要保留一种辩证的态度，人类工程师所积累的感性的共鸣和经验的判断，是不应该丢弃或让位给算法的宝贵财富。正如本节开头所言，大数据作为一种富含信息潜力的社会资源，在行使理性判断进行开采利用的同时，不应忽略、甚至更为重要的是我们在价值判断领域对这一资源的规划分类和安全监管。

平行虚拟到交互现实

信息系统的完善不仅能够在智识层面为环境提供全新的维度，更将在感官层面对生存空间提出虚实叠合的追问。虚拟将不再被当作是现实的附属，虚拟和现实都将是人居环境的构成。这种设想下，作为现实人居环境基础的建筑需要怎样回应？在探讨这个问题之前，需要先理清信息流所构成的非物质的虚拟世界如何与物质的现实世界叠加混合。

20 世纪 90 年代互联网兴起，那时的虚拟被限定在设备屏幕后的"赛博空间"中，是一个独立于现实空间的异次空间，与现实世界分离且对立。人们预想着它能够提供与现实世界相似却更加自由的平行世界，因此这个虚拟世界承载着许多超越现实世界隔阂和束缚的期待。

到了 2021 年，"元宇宙"概念的出现让"赛博空间"成了过去时。元宇宙可以理解为当下移动互联网模式的升级，虚拟不仅仅是平行于现实的"空间"，而是交融与现实的"维度"。在元宇宙时代，人们可以更自然地参与互联网，不仅仅只观看内容，而是沉浸其中。同时，元宇宙的构想试图打破各互联网巨头平台的壁垒，在区块链技术的支持下构建一种去中心化、开源化的互联网。[12]

增强现实与混合现实（Augmented Reality & Mixed Reality）

AR 和 MR 并没有明显的分界线，在应用的技术和现实的效果上稍微不同。一种判断的方式是创造出的虚拟物体是否会随着人和设备的视角移动。依靠 AR 设备投射出的会移动，而依靠 MR 设备的则不会移动。

因此，元宇宙不仅仅是从人的视角将现实世界与数字世界深度结合，更是从环境的角度将现实中的万物纳入数字世界。"元宇宙"的概念将人类当下各种顶尖的技术聚合成一个愿景，无论是微观层面原子与比特的结合、宏观层面信息网络的建立，都可以看作是迈向元宇宙这个新世界的垫脚石。元宇宙所提出的虚拟与现实高度融合、深度互构的设想实际上可以看作是当下还零散、缺失、未整合的信息系统的进一步升级。

元宇宙近期获得的广泛关注也承载着人类在新空间中抢占一席之地的愿望。占据利用人类还未涉足的空间是获取支配性利益的重要手段和历史机遇，这也是升维环境背后的主要推动力。这种对空间的扩张和占用欲实际上是人类技术发展的驱动力之一。技术总是以不断跨越空间和时间的边界为指向，不断突破人类在空间中的限制，让人类生存范围不仅在实体建筑的水平向和垂直向上不断拓展，也在虚拟领域不断开拓。

元宇宙意味着更为深度的连接。当下的移动互联网已经从有着清晰的中心化结构的超链接，升级为呈现出复杂性的离散型构成。用户可以自产内容和标签，相似内容也在算法和连接下进行主动的推荐。这张网络还在不断拓展自身的触角，当下的网络中还有许多超链接的盲点，无法连接标题标签之外的内容，如视频、游戏中的事件。在元宇宙的广域即时运算环境之中，不断进化的搜索引擎功能将会把贯穿的比特和原子联系起来，成为一种"超级互联网"。尼古拉斯·尼葛洛庞帝（Nicholas Negroponte）曾提到，"互联网仅仅是一个暂时性的工具，信息的互联互通只是互联网最直观的表象。互联网与其说是信息的传输，不如说是人与人之间的不断推陈出新的连接方式。"[13]

当下现实和虚拟之间，仍然需要扩展现实（XR）技术来进行结合和转换，其中包括在虚拟世界营造沉浸式体验的虚拟现实技术（VR），在现实世界叠加虚拟信息和物品的增强现实技术（AR），以及现实和虚拟实时交互直至难以划分界限的混合现实技术（MR）。

虚拟空间与现实空间的交互目前仍然是低效的，需要通过键盘、鼠标等界面，把指令从物理空间手动输入到信息空间；而以微软 HoloLens 为代表的混合现实头显，则能够通过手势识别、光线识别，在空间中看似无中生有地操控，让全息投影出的虚拟维度与身体运动的现实维度即刻地交互。

虚拟与现实维度交融互动的时间差会是影响两者叠合的关键。从 4G 到 5G 指数级增长的连接速度，为众多传感器的数据收集与传输提供了高速的途径。未来以量子理论为依据的量子计算机则将极大地压缩叠合的时间差。量子计算下的计算速率超过人对时间先后顺序的感知，时间似乎不是顺序进行，而可以是一个多重的、平行的、在空间上分散的过程。当处理器的运算和展示没有时间差时，顺序便如同即时发生。[14] 也就是说，虚拟维度的状态改变可以自发地、实时地、无缝地叠加映射到现实世界中，产生一种全新的"透明性"。

这也意味着，相比"赛博空间"时代平行的、真空的、可以被不断重写的虚拟空间，"元宇宙"时代的"虚拟"不代表不真实，不只是对现实的仿真模拟，而是已经成为复杂现实的一个侧面，是现实的组成。也就是说，在"元宇宙"的模式下，现实和虚拟不应再遵循一分为二的简单逻辑，而是互为表里的一体两面。

扩展现实的挑战

那么看似无限、完美的虚拟维度是否终会吞噬有限的、不完美的现实维度？在人类的欲望面前，处处受限的现实世界在随心所欲的虚拟世界面前是否会变得不堪一击？从前以室内、室外建立起来的空间习惯也可能不再适应新的升维环境。如果现实建筑的营造受控于物质的重力法则与形式的能量法则，那么，虚拟环境的空间体验又将遵循怎样的营造逻辑？虚拟世界中的空间环境还是否属于建筑学科范畴？这在很大程度上影响着建筑师乃至建筑学未来的学科视野。

虚拟和现实的重叠将重新定义"真"和"假"的辨别。当虚拟的世界已经不再是曾经低分辨率的对现实的模拟，而是一种超越现实世界的超真实临场感，当虚拟不再平行于现实，而是日益与现实"透明化"地叠加时，这种"透明"将在人的日常生活中产生以假乱真的、超现实的幻象。当前游戏行业所运用的实时图形技术和动态全局光源可以构建出一个以假乱真的数字孪生场景，这将挑战我们对真实的定义，而区分真实和虚拟的边界则变得费力。真实的物体与叠加在现实中的虚拟投影变得难以察觉，甚至导致真实世界沦为影像，虚拟影像却升格为真实的存在。虚拟世界所构造出的丰富影像常被用来抵御现实世界的贫瘠。这些升格为真实的虚拟影像或许进一步降低了现实世界丰富的必要性，为现实世界中高效却单一均质平庸的建筑提供了辩解的理由。

虚拟和现实的重叠将重新定义"内"和"外"的边界。现实的内部能被虚拟延展为外部，而现实的外部能被信息圈化为内部。现实围合的内部私密空间在遍布的摄像头、植入的传感器中将被实时监控记录，身处其中，也可以实时接入虚拟维度的公共领域与外部沟通。现实开敞的外部公共空间也可以通过网络端口和沉浸式的虚拟映射，勾勒出旁若无人的私密范围。微软模拟飞行器（Microsoft Flight Simulator）中近乎真实的鸟瞰视角，配以当地当时天气的实时更新，能够让使用者在任何设备前感受外部天空的视角（图 3-4）。如果这种视角能够突破屏幕的边界，去除飞行器的边框，而通过具身性设备成为人的一种自然的感觉体验，那么这个使用者所身处的真实三维空间便消失了，内部被源源不断的信息流冲刷成了无限的外部。因此，虚拟与现实叠合后产生了内在的外化和外在的内化。[15] 私密与公共不再仅仅是空间上的界定，而是基于数据信息的可获取度。[16] 数据被无节制地滥用，私密被展览，隐私被公开，距离被消解，这将彻底影响公共空间的建构。毕竟，公共性重要的基石之一是对隐私的尊重，需要保持着适当的、体面的距离。[17] 由此，"内"和"外"边界的重新定义也意味着建筑中关于三维空间和二维平面的概念变得不再绝对，公共区域中的一块二维平面可以在虚拟的映射下拓展成为立体的空间，而私密空间也可能在数据的解剖下失去深度，变成扁平的平面。

图 3-4　微软模拟飞行器

图 3-5　南加州大学安德鲁·琼斯（Andrew Jones）团队创作的大屠杀幸存者全息投影

　　虚拟和现实的重叠也将重新定义"远"和"近"。技术的进步在不断帮助人类跨越甚至征服远程的物理空间间隔。通过交通设施的不断升级，人类花费在跨越空间上的时间急剧缩短，不断压缩着物理空间的距离。然而物理世界的距离终究是实存的，在虚拟维度里则能够利用信息来突破现实物质世界中空间的限制。信息环境的终极目标，或许就是让人类能够像量子效应一般，即时地出现在千里之外。这是人在中观尺度中可望而不可即的梦想。人体的物理质量注定无法在现实中实现这种特异功能，但是人的身体却可能通过全息投影般的转化，出现在肉身之外的另一个场所，由此超越物理世界里的限制（图 3-5）。曾经任何一个物体都占有一个空间和一段时间，而今天物体越来越能通过技术同时出现在不同的空间，产生一种即时性的、无缝衔接的叠合。因此，在信息系统中从一个地点到达另一个地点的方式将会像从一个接口到另一个接口，是一种快速通行的技术。尺度可以快速无限缩放，场景可以即时来回穿梭。信息网络中的动态端口不需基于实际的位置，不依赖特定的空间，而能够存在于任何

全息投影（Hologram）

也称虚拟成像技术，它是利用干涉和衍射原理记录并再现物体真实的三维图像的记录和再现的技术，需要通过理想的介质呈现。空气这个介质在受到温度、湿度等影响时，会降低画面的精度和效果。

地方。它提供了一种去距离化和超空间化的效果。遥远和邻近由此被重新定义，远处被无限拉近而附近和周边却消失于望远镜的视域之外。

"建筑需要怎样回应在信息系统日益完善中虚拟与现实的叠加？"这个问题在当下仍然难以得出令人说服的答案，但却能引出更多关于人居环境去真实化、去空间化、去地点化的思辨。这些问题都是关于未来"建筑"还能否被称之为建筑的尖锐挑战。如果在丰富虚拟叠合的驱动下，元宇宙世界的建筑能避免现实物质建造的费时费力并获得让人叹为观止的新景象，那么建筑实体空间是否面临着同质化与贫瘠化的宿命？如果在信息流的操控中，内部与外部之间的连续性、整体性或将被重构，地点被转换成信息系统中的矩阵，建筑是否会在信息流下沦落为虚实含混、边界模糊的体验式情境？如果在远近距离的颠覆中，周边和附近变得不再重要，建筑是否还需要考虑场地的文脉？

3.3 流动的能量系统

能量的基础

信息系统中无处不在、无所不能的算法看似是脱离物质基础的比特，但在其背后的是常常被人忽略而更为关键的能量系统。

元宇宙的运转需要持续不断的计算，过程中比特的"产生"和"生存"需要大量的主机设备，它们依赖着源源不断的能量供给和稳定运行的数据中心。数据中心是庞大而被隐匿、重要而没有公共参与的基础设施，它通过收集每个人的数据而掌控着环境中的运行，是一种隐藏在大众视线之外、几乎不直接涉入人类日常活动痕迹的"后人类建筑"。正是因为这些数据中心的隐秘，让我们产生了信息似乎可以脱离实体的印象。事实上，早在 2015 年全球数据中心的能耗量已经超过了英国一个国家的能耗量。[18]

这些机器对生存环境的要求，事实上比人类对人居环境的要求更为苛刻且封闭，温湿度的精准控制是这些机房中机器正常运转的前提。因此，数据中心需要 24 小时不断地囤耗巨大的能量，不仅用于主机设备的运行，更用于精密空调和暖通设施对主机所产生的大量废热的处理。腾讯七星数据中心在贵州贵安的山体中存放了 30 万台服务器，这样规模庞大且复杂的构筑物模糊了基础设施与建筑的界限。在看似轻飘流动的信息比特背后，是人类在现实世界挖山筑洞，再加以复杂的暖通设备和供电传输设备来维持社会层面的信息活动。

相比于人类在信息领域所建立起的取之不竭的数据环境，能量仍然是一种有着枯竭危险的有限资源。能量不仅是虚拟维度信息覆盖所需要的供给，更是现实世界物质运转所依赖的燃料。也就是说，能量是维持信息世界和物质世界运转的基础。升维环境的设想不仅是关注环境中信息维度的叠加，也是对环境中的能量维度的再思考。

人类的生存一直伴随着能量系统的搭建。目前能量的主要供给仍然来自化石能源，但在能量的传输和储存上则在不断进步，智能电网传输架起了能量传输的矩阵，能量的利用或许能通过削峰填谷的逻辑，将不同地区和不同季节的能量进行更高效的反季储存和利用。更为低价安全便携的锂电池技术则优化了移动能量的储存，提升了各种人造设备的续航能力。这些都在不断拓展人类环境中的能量基础设施，使地球环境更便于人类生存。

建筑也一直是能量系统中的关键一环，是能量系统与人接触的终端环境。作为人与自然的中介，建筑一面适应人类需求，一面对应自然条件。在信息成为一种和质量、能量相提并论的维度之前，建筑一直是利用质量及其形式来控制能量。建筑的地域性特征在很大程度上可以看作是空间形态服从于自然能量法则的体现，人工能量的介入无疑极大地释放了自然与建筑形式的束缚。因此值得注意的是，作为能量环境的重要构成者和参与者，2019年建筑行业造成了大约 35% 的全球能源消耗和 38% 的温室气体排放，[19] 这提示我们应当持续关注未来能量系统对建筑营造的新影响。

面对地球绝大部分不适合人居的环境条件，利用巨构式的建筑加以隔离和保护成为自 20 世纪起先锋建筑师不断构想的应对方式。富勒在 1961 年提出的曼哈顿穹隆设想在极端气候和环境下隔离并控制城市环境。生活在穹隆下最优化气候环境中的居民将不再需要各自营造适应的微环境，这种集中式的能量管理和控制在富勒看来，比分散的模式更为高效。与富勒曼哈顿穹隆相似的是丹下健三、奥托和工程师奥韦·阿鲁普在 1970 年受委托设计的可以容纳三万人生活的北极城市（图 3-6）。这个项目希望能在气候极端的能源采集地创造宜居的环境，以便于开发北极的潜在能源。这个计划包含了一个直径 2000 米、高 240 米的穹顶，但最终因为种种原因而没有实施。[20] 穹顶式的想象至今仍在继续，丹麦事务所 BIG 在 2017 年设想的火星科学城市（Mars Science City）仍然是极端气候中穹顶下错落的聚居地，是一种标准化、最优化的气候飞地，也是隔绝环境的退缩策略。在这些技术构想中，建筑中厚重的墙体变成了轻薄的幕墙，希望通过精密和复杂的设计来进行微气候的调节。

丹下健三（Kenzo Tange，1913~2005 年）
日本著名建筑师，普利兹克奖得主，曾任美国麻省理工学院的客座教授，还在哈佛、耶鲁等名校的建筑系执教。在日本建筑界颇具国际影响力的桢文彦（Fumihiko Maki）、矶崎新（Arata Isozaki）、黑川纪章（Kisho Kurokawa）等人都曾师从于他。

奥韦·阿鲁普（Ove Arup，1895~1988 年）
出生于英国的丹麦裔，是 20 世纪最具影响力的工程师之一，创立了工程咨询领域的巨头 ARUP 奥雅纳公司。

图 3-6　北极城市

　　从 20 世纪 60 年代开始，类似的想象层出不穷，但并没有成功实现的案例，仅仅是类似于中国国家大剧院这种尺度的单体建筑实现了这种穹隆的技术理想。而更大尺度的穹隆巨构仍然难以避免前文中提到的实体巨构的僵化和封闭。

　　穹隆的设想虽然没有实现，但是对大量室内环境空气的控制却有着新的发展。区域供冷系统（District Cooling System）取消了穹隆的标志性巨构，通过集约的制冷中枢和遍布的管道提供了城市尺度的制冷解决方案。

　　无论是穹隆还是区域供冷系统，建筑在能量方面的研究还是聚焦于更高效的建筑密闭性措施和能量管控，通过围合系统和中枢控制的水电暖通系统来稳定室内的微环境。建筑师基尔·莫对于现代建筑以来的环境调控有着强烈的批判。他反思了在当下调控与隔离的逻辑下生成的气密性的"冰箱式的建筑"，呼吁对建筑隔离系统进行重新评估，提倡对前现代的"气候性建筑"的关注。[21]

　　建筑能否突破"冰箱式"的、以质量封控能量的范式限制来

基尔·莫（Kiel Moe）
哈佛大学建筑学教授，其研究聚焦于建筑能源使用与地球环境之间的联系。

营造新的适宜环境？建筑对能量的处理能否从当下基于暖通能源供给的有限系统升级为未来基于泛在能量环境的无限互动？在环境更加难以预测的未来，人类将需要什么类型的建筑作为中介？

升维的紧迫

在回答这些问题之前，需要先直面当下人类所面临的地球环境。人类所架构起的遍布全球的巨构尺度的城市和各类突破地球环境限制的超级工程，已经让地球不断加速接近"人造地球"的状态。研究显示，人类每年生产的混凝土达到了 5490 亿吨。在 2020 年底，全世界所有塑料、砖块、混凝土以及其他人造物体的总重量，首次超过了地球上所有动植物的重量。[22]

建筑一直是一种对地球表面进行干预的方式，关乎如何利用环境中的材料和能源来拓展人类的领地。人造物质的膨胀正是地球环境变化的真实写照。近百年来人类对地球环境的干预，使大气中的二氧化碳含量比工业时代前增加了 35%，这是地球一千万年以来的最高值。21 世纪结束时的全球平均温度将比现在高 1.1℃ 至 6.4℃，比人类进化历程中的任何时候都高。[23] 全球变暖带来了一系列的连锁反应，如海水变酸、大范围生态系统中物种的加速灭绝、西伯利亚冻土层融化导致的甲烷的释放、细菌解冻复苏陷入恶性循环等。[24]

这些数据都指向过去两百年人口的激增和对资源的大量消耗，地球生态环境的变化正逐步接近关键性的临界点，临界点之后的地球生态环境或将迅速地且不可逆地进入一种从未预见的状态。尽管在信息系统的协助下，越来越详细的卫星数据记录、越来越高精度的计算能力使科学家可以进行仿真和虚拟实验，可以对气候变化和

气候变化归因（Climate Cha-nge Attribution）
全球气候变暖通常会加剧危险天气事件的发生。气候变化归因能够把其影响从其他因素中剥离出来，提高对洪灾、热浪等风险的应对准备。

极端天气进行归因研究，但不可否认的是，人类对自然环境的影响是地球有史以来首次出现的、由单一物种带来的深刻变化。

这些不容忽视的变化让地质学家、自然科学家提出地球已从持续了 11000 年的全新世（Holocene）跨入人类世这一新的地质时代的观点。这意味着人类已经成为地球上最突出的地质因素，对于生物圈的影响较其他所有自然因素都更为剧烈。尽管面对这样的数据和前景，全球性的环境问题还是难以在割裂的政治意图和发展至上的逻辑中找到解决方式。

人类世的充满着不确定性的暗淡前景实际上是物理学中的"热力学第二定律"所引导出的"熵增原理"的体现。它指出，能量产出和转化过程总是需要付出代价的。也就是说，每当有能量转化为有用的形式时，在一个封闭的系统中同时也会产生"无用"的能量作为副产品，也就是"熵"。熵不仅仅体现在地球气候和环境的热力学影响中，也体现在对生物多样性的破坏上。也就是说自然资源利用的过程中总是有着损耗的倾向。人类世因此可以看作是技术驱动发展模式所产生的加速熵增效应。

人类的出现和技术化的生存是否意味着人类世的出现是一种必然？如果是一种必然的话，人类世的后续会有怎样的展望？在这种悲观的前景下，是否有更为乐观的前景？

当我们拉长人类文明的时间尺度，或许能够找到窥探未来的方向。卡尔达肖夫指数（Kardashev Scale）通过评估人类对环境中能量采集的范围和效率，建立起了人类文明的长远框架。它分成Ⅰ、Ⅱ和Ⅲ三个级别，Ⅰ型文明能使用在它的故乡行星所有可用的资源，Ⅱ型文明能利用它的恒星所有的能源，Ⅲ型文明能利用它的星系的所有能源。卡尔达肖夫指数是许多科幻作品的参考框架，它体现出一个星球上文明对宇宙能量利用的大趋势。

人类世（Anthropocene）

最早由荷兰气象科学家保罗·克鲁岑于 2000 年提出，用来指新的地质年代。目前人类所处的地质时期是显生宙新生代第四纪中的全新世。第四纪自 260 万年前开始，分为更新世和全新世。全新世开始于 11000 年前最近的一个冰川期的结束。与其他跨度长达百万年的地质时期相比，全新世似乎才刚刚开始。若人类世的提出成立，则将是一个与更新世、全新世并列的地质学新纪元。

熵（Entrophy）

由德国物理学家鲁道夫·克劳修斯（Rudolf Clausius）于 1854年提出，是热力学中表征物质状态的参量之一，其物理意义是体系混乱程度的度量。熵的值越大，系统表现得越无序。

尼古拉·卡尔达肖夫（Nikolai Kardashev，1932~2019 年）

俄罗斯天文物理学家，以提出卡尔达肖夫指数而闻名，成为许多科幻文学的基础。

人类几千年的技术发展对地球能源的利用，仅仅向 I 级文明靠拢，而真正进入 I 级文明还需要近百年的时间。而千年后的 II 级文明则预示着人类能够利用整个太阳系的能量，通过星际旅行，成为联合多个行星的社会。III 型文明则意味着在数万年之后，人类掌握改变宇宙结构的能量。[25]

当下还未达到 I 级的人类文明仍然严重依赖着日渐枯竭的化石能源，仍处于科研阶段的商用可控核聚变能量则是人类摆脱对化石能源依赖的突破口。与当下已经商用的核裂变核电站相比，可控核聚变有着巨大的潜力。核聚变不会产生核裂变所出现的核辐射和核废料，也不产生温室气体。而地球上蕴藏的可用于核聚变的原料在当前的预估中可维持 100 亿年以上。可控核聚变能否在 21 世纪实现仍具有争议，但其所带来的充足廉价能源将产生广泛的外溢效应。电力电解海水使淡水不再稀缺，充足的淡水供应意味着缺水的沙漠可以变绿洲。农作物生产可以依靠人工照明促进光合作用，生产粮食蔬菜的超级工厂使农业用地的紧缺压力也将减小。充足的电力也为算力强大的信息系统和数据中心的巨大消耗提供能源保障。

可控核聚变所产生的能量供给或许能够为建筑行业提供革命性的材料，超越当前材料强度对建筑体型的限制，为建筑向上的无限生长带来了可能性。密度极小、重量极轻且隔热极好的气凝胶，比钢强度高 200 倍的石墨烯等新型材料，一旦在未来能源充足供给的条件下获得大规模廉价生产的可能，就将如钢筋混凝土的出现那样再次颠覆建筑的构造基础。

与此同时，可控核聚变发动机的宇宙飞船将带领人类走向太空，去探索获取更多的星际资源。或许正如霍金所说，由于陨石等诸多威胁的存在，如果人类不能走向到太空，人类的长期生存

可控核聚变（Controlled nuclear fusion）

核聚变是指由质量小的原子，主要是指氢的同位素氕或氘，在超高温和高压条件下发生原子核互相聚合作用，生成新的质量更重的原子核，并伴随着巨大的能量释放的一种核反应形式。太阳的能量就是来自轻核聚变反应。

将充满不确定性。多年以前赛博格的提出正是为了适应外太空的生存需求。人类生命力的增强也将突破长途太空旅行中的时间枷锁，让遥远的距离不再是障碍。核聚变发动机所带来的能源保障将成为牵一发而动全身的技术突破点。

刘慈欣也认为，与其把人类的资源和精力放在虚拟世界，不如多用在探索开拓星际太空的现实世界。在刘慈欣看来，如果说人类发展总是局限于资源和能源有限性，那么要保证文明不断发展就必须要把眼光放在资源无穷丰富的广袤宇宙，甚至可以说，人类能够走多远，对于物理空间的知识水平和改造水平直接决定了文明的高度。

对于地球环境可能出现的不可控的危机，刘慈欣在他的科幻短篇《微纪元》中大胆设想了另一种可能：在两万五千年后的未来，地球在太阳的能量闪烁下变得不再宜居。人类为了生存下去，通过纳米技术将自身缩小为约 10 微米的细胞尺度，从而也大大降低了资源的消耗。这些"微纪元"的微型人生活在大约直径为一米的泡泡中。这些泡泡就微型人的尺度而言，是一个气候边界封闭的巨构，而就"宏纪元"自然人的尺度而言，是一个包容万物的微小舱体。[26]

自然环境在人类世所暗示的不确定中则更需要用升维的行动来应对。对核聚变能源的研发就是从环境危机的具体问题中走出来，尝试解决更高层的问题来得到更长远的应对方案。此外，能源问题不能仅仅从能量的角度寻找解决方案，不少科学家相信，信息和智能有可能成为对抗熵增以维持有序的途径。[27]这意味着能量系统需要与信息系统在未来以某种方式互动协同，转变当下以利润积累为唯一目的且在本质上具有破坏性的生产和消费过程，以此来突破熵增的悲观预测。

人类的社会制度能否在人类世的前景中打破国界的隔阂，从地方性保护主义转向全球范围的合作主义？面对这个问题，富勒在 1969 年出版的《地球号太空飞船操作手册》中，以全球视角提供了对全球生态危机的预警和深思。人类世所面临的环境问题是复杂而尺度巨大的，因此也需要建筑界与其他相关学科的共同参与，共同思考人在自然环境中新的生存方式。变化的自然环境将需要不断反思、重构建筑作为自然与人的中介。建筑应考虑如何从隔离、剥削地球环境的机器转型为与地球生物圈和大气圈合作并共同生产的自然引擎。[28]

从隔离到交融

富勒给予我们的警示，在建筑学中又有些什么样的探索和尝试？

一种思路是延续着美国建筑教育家维克托·奥尔盖于 20 世纪 50 年代提出的《基于气候的设计》（*Design with Climate*）。奥尔盖的理论成为建筑环境学的基础，至今仍有着深远的影响（图 3-7）。建筑环境学强调充分考虑环境中的日照、风向、降雨等指标，使建筑成为与环境更为融合的存在。这种思路在当下局部智能化的建筑构件中，形成了更为响应化的表皮和交互式动态的建筑调控。建筑由此可以根据外部物理环境条件或使用需求调节表皮的开合，控制物质与能量穿过的流动。

这种响应化的表皮实际上仍然是在第二章中所探讨的基于机器范式的人造物。如果在材料技术的加持下，某些部件包含能够生长的自然物，那么建筑就开始从机械机器转向生物机器。如果在弥漫的信息环境中，这些建筑构件能够对日照、风向等环境指

《地球号太空飞船操作手册》（*Operating Manual for Spaceship Earth*）

1969 年出版，是富勒最广为人知的作品之一。富勒在书中探讨了人类面临的严峻考验，努力寻求为避免人类消亡而应该奉行的基本原则。

维克托·奥尔盖（Victor Olgay，1910~1970 年）

美籍匈牙利裔建筑师，曾在普林斯顿大学任教，其研究关注建筑、气候与能源。

标产生更为深刻的理解，这些生物机器般的构件是否能够与复杂自然环境产生更为智慧的呼应？

图 3-7 奥尔盖兄弟与其发明的环境设计模拟器 (Thermoheliodon)

单纯机器式建筑的关键在于阻隔，而自生物机器式建筑则需要思考如何在区隔中融入环境。这意味着建筑能够读懂并对自然机制进行反馈性的干预，也意味着建筑与自然的边界需要被重新定义。

进一步沿这条思路思考，如果在充足而流动的能量系统中，以全新物质构成的建筑是否还需要通过围合储存能量？或者建筑本身能否进一步对环境中气候现象做出信息化的管控干预，以及对能量流动的化学过程作出精细化解析？

未来的建筑能否不再局限为一种隔绝能量、产生封闭环境的屏障，不仅仅是一种最标准化的对温度、照明、湿度的控制，也不仅仅有清晰的物质化的边界来保存和限定？能量本身能否形成建筑的"围合"，成为全新的建筑的材料？[29] 即建筑不再由具象的物质组成，而是由包含能量的波、粒子和化学反应所构成的，一个个无形的微气候场。能量从一种资源变成一种材料，再由材料变成一种建筑。

美国建筑师肖恩·拉里（图 3-8）、瑞士建筑师菲利普·朗恩等都在这个方向进行了探索。其中朗恩在 2002 威尼斯双年展瑞士馆的作品 Hormonorium（图 3-9），便试图创造一种去空间化的微气候场景，并强调这种微气候对人的感官刺激。

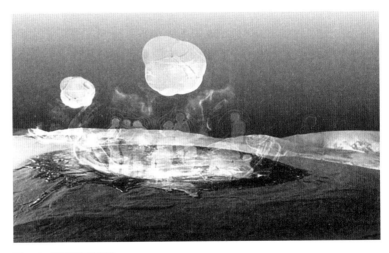

图 3-8　拉里的气候建筑

肖恩·拉里（Sean Lally）
美国建筑师，关注建筑与环境气候的交互。

菲利普·郎恩（Philippe Rahm，1967~）
瑞士建筑师，其作品致力于拓展建筑设计至生理学与气象学的领域。

图 3-9　朗恩的 Hormonorium

在这种将热力学定律应用于建筑领域的方式中，空气便成为空间组织的主角。为了更好地应对外部的风荷载和内部的空气流通，建筑需要成为能量流动的秩序。通过协调人造环境与自然环境中的各种元素对空气温度、速度和湿度的影响来营造宜人的环境。建筑变得轻巧无形，边界消失，构架消散，限制消解。对气候的干预不是空间式的，而是时间性地在某时某刻短暂地创造出宜人的微气候。

而在当下的技术实践中，人工降雨、人工驱雨都是干预微气候的既有方式。进一步将这种干预拓展为地理式的重构是至今颇有争议的"天河工程"。它试图将中国水资源不平衡的状况通过对气象中的大气河流来进行干预，控制天空中的水资源来实现空中调水，以此来避免地面调水的物质性巨构。[30]

在将来，建筑与自然之间这层封闭的边界或许将越来越显得陈旧与落伍，特别是巨构一般的边界。开放的非物质化的能量和信息控制或将是它的替代。建筑不再是内外环境的界限，而是自然环境中的能量状况疏导与干预，成为一种不断变化的、没有固定物质形态的存在。由此，不仅单体建筑融入自然，而且将在更大的尺度上与自然交融共生。

每一代人都需要利用身处时代的技术和创新去回应如何塑造人与环境联系这个永恒的问题。无论是各类城市尺度的封闭穹顶还是贴近人体的保护舱，建筑在这些案例中都呈现为人类皮肤、衣服之外的、保护人体安全的"第三层皮肤"。建筑在传统意义上作为构造的围合和坚固的体量，或许可以转化为一种无形的环境管理控制和内化的身体调控。建筑仍然是人与环境之间的中介，不过不再是被动地围合，而是主动地一边调整着地球的大气环境，一边关照着人体的感受。这意味着建筑并不是去维系或者修复某种想象中人与环境的平衡，而是参与到环境复杂性的动态能量的进程中，通过在信息维度和能量维度的干预，将环境中的多变现象与人类活动契合。

未来的建筑设计是对自然环境的能量化和信息化的升维，在宏观的视角下可以突破物理和地理上限定的地块，不仅仅是物质性地在地球表面干预，更是非物质性地调节气候和通信网络，以此进行涉及地球的地质进程和气候变化的泛化思考，让设计地球环境成为一种终极的干预方式。当建筑呈现出难以区分的人工状态与自然状态的耦合时，建筑师需要考虑的是在信息系统和能量系统的构架下，人造物与自然如何成为互补的系统，建筑如何达成人造地球中对自然力量的顺应与调控。

从空间到连接

面对人造地球上的信息与能量系统，建筑师需要如何将非物质的、流动的信息与能量"归化"为建筑学中可利用的概念来思考未来的人居环境？

20 世纪 60 年代的先锋建筑师们的大胆作品为我们提供了思考的线索。阿基佐姆工作室在 1969 年构想出的无尽城市（Non-Stop City，图 3-10）就是建筑消解在信息和能量系统中的一种前瞻畅想。他们构想出一片没有建筑的扁平景观，由连续的室内空间和均质单元组成，唯一可见的人造特征是无限延伸至地平线的网格图纹。这张网格代表着覆盖地球表面一切可栖居的能源和信息网络，城市和自然都被纳入其中。人人都可以接入这张网络，可以自由选择所居住的地方，来打造适宜的微气候。如此，这张超级网格便消除了一切稳固的建筑围墙，带来一种毫无节制、完全个体化的

阿基佐姆工作室（Archizoom）
1964 年成立于意大利佛罗伦萨的先锋建筑团体。他们创造了一系列批判性的乌托邦，一种戏谑式的通过建筑技术改造社会的理想城市。

游牧生活。

　　阿基佐姆的"无尽城市"是升维环境的一种图例式的扁平表达，其中漫游的个体也有着增强新人的征兆。增强人类不再需要封闭的巨构来创造宜居的环境，毕竟赛博格最初提出的原因就是试图增强人体来适应地球外恶劣的生存环境。增强新人更需要的是融入升维环境中对能量和信息的随时随地的获取。

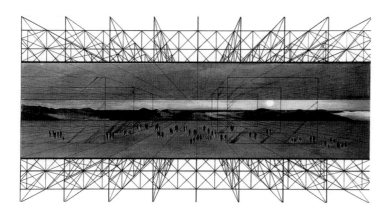

图 3-10　阿基佐姆工作室水平向的无尽城市

　　无尽城市的构想提供了一种全新人居环境的启发。阿基佐姆在 20 世纪 60 年代将这种能量和信息的体系设想为规整的网格，而这种"面"对"点"网格的同一和均质在未来或许将呈现为"点"对"点"端口连接的精准与复杂。

　　建筑不再仅仅是一幢幢构筑物，它将一面"向心地"贴近于增强的人体，一面"离心地"消融于升维的自然。建筑不再需要划分出宜居的、封闭的内部范围，信息和能量能够精准地点对点的传输。建筑也不再是与人分离的冰冷的物体，计算介质和传感器在建筑物中的嵌入能让内置计算的人与建筑之间的信息即时串联。建造过程也不再有一个终极的完成形式，而是有不断生长的机制和能动的能力。建筑形态不再局限于实体空间，虚拟世界正不断叠加于现实，重新定义真假、内外和远近。

因此，未来建筑的核心不再是关于单个静止的人造围合，而是环境中的深层结构，是人类行为活动中对能量、信息和物质的组织和梳理。由此，建筑学的范畴将突破形式的创造、空间的组合和材料的搭接，思考以怎样的方式处理信息，以怎样的方式操控能量，以怎样的方式在人造地球上与环境、与人构成复杂的回馈系统。

如此，建筑便迎来了一种更新的视角。在信息和能量系统的前景中，当下思考建筑所使用的"空间"和"场所"等核心的三维视角需要转变为多维度的"连接"视角，以便思考建筑在动态系统中的参与方式。也就是说，思考建筑的角度从传统的"体量"到"围合"、再从"空间"到"连接"的转变体现了建筑与人之间升维过后的互动关系。建筑不再是独立于人之外的体量，人不再被围合在建筑的空间之中，两者需要由连接下的互动来重新定义。

"连接"是物质传输、信息互动和能量传递的综合描述。作为现代主义时期凸显的语汇，"空间"或许不再是理解人与建筑之间关系的最佳中介，而是最直接地探讨人与建筑之间的信息、能量和物质的动态关系。

譬如在上文中所提到的"模糊建筑"的案例中，建筑已经不再通过体量和空间来导引参观者的运动，而是冻结视觉、摒弃空间，在身体与建筑的连接中一步步拓宽感知领域，建筑成为一种相互的感知事件。[31]

因此，在升维环境的信息和能量体系中，建筑讨论的不再是空间的静态氛围，而是连接的动态反馈；不再是空间的井然秩序，而是连接的灵活疏密；不再是空间的标准尺度，而是连接的变通强弱；不再是空间的限定范围，而是连接的无线触角。建筑师需要关注的不仅是事物本身，而是事物之间的泛在联系。

连接是供给的能量传输、沟通的信息反馈，它不仅仅存在于人与人之间，也存在于人与物、物与物之间。连接时而具体时而无形，时而清晰时而混杂，有着不同的强弱程度和不同的正反方向。连接也不仅仅是单线的，而是如叠加的拓扑式网络，包含着多面新人、多维建筑、多重环境之间不断发生形变的根茎盘绕般的关系。这种动态关系不是单线性的因果关系，而是新人与建筑接入大数据后的关联关系。在连接的视角之下，新人和建筑都是不断拓展升级的系统中的节点。这些节点是信息算法处理的口部，成为虚拟和现实叠合的交割器，是能量传输的基站，成为生物能与机械能融通的转换阈，是物质流动的枢纽，成为遥远与邻近间隔的新划分。

建筑中传统的图底关系也需要重新来审思。建筑是"图"，但"图"不是一个个毫无连接的体块，而是在升维环境的系统中与新人连接紧密的智慧集群。建筑更是"底"，是连接下的人造地球环境的构成。

连接的概念突出了不断发生的活动。对连接的重视让建筑不再仅仅是对外壳的设计，而是关于内容及其关联的管理。未来建筑师的任务不仅是实在的建造，也不只是用字节来搭建虚拟空间的建筑，更在于思考如何在已有的建筑和未建的环境中创造连接，如何在现实和虚拟的维度中创造连接，如何通过建筑建立起人与人之间的沟通与协作。建筑师需要考虑这些"连接"将如何影响人类对地球环境和生存空间的理解和使用。

连接的概念开拓了对建筑与新人之间关系的思考。建筑不再局限于为人提供一个静态的庇护场所，而是信息与能量"系统"的动态梳理与呈现；新人也不再是与建筑有着清晰主客关系之分的使用者，而是在"端口"的加持下通过与"系统""连接"、产生互动并得以增强，比如可以连接信息系统的大脑，可以连接虚拟维度的视网膜，可以连接能量系统的皮肤，等等。这意味着建筑不能局限于建筑物的角度来思考这层物质的围合，更应该回到人与环境的中介的角度来思考人类生存所需要的信息、能量和物质的搭建。通过"连接"，建筑将在后空间时代转变为一种新型的组织方式。

新人的端口生存

4.1 从义肢式舱体到连接的端口

"巨构"和"舱体"是自 20 世纪 60 年代以来先锋建筑师构想未来建筑的两种方向。它可以看作是建筑超越中观尺度的尝试：一面内向贴近人体，一面外向驾驭环境。在上一章中，我们讨论了建筑作为人与环境的中介，外在地从"巨构"到"系统"的过渡。这一章将探讨这种中介内在地从"舱体"到"端口"的迭代。在探讨连接式的"端口"之前，需要简要回顾"舱体"概念的发展。

"舱体"是一种高效简约，契合人体尺度的最小化生存单元。电讯派和新陈代谢派等建筑师都曾提出风格造型各异的"舱体"构想。这些构想和许多带有未来感的工业设计产品一样，顺滑的流线造型使其看上去能最大化地吻合人体工程学，扭转了公众心中对大机器工业拥挤、肮脏、丑陋的印象。这些柔软圆滑的舱体造型不仅体现出第二机器时代制造方式的进步，也掩盖了机器设备不近人情的复杂机制。人造物的平滑感在哲学家韩炳哲看来反映了一种普遍的大众心理需求。平滑意味着没有伤害、没有阻力、清除了一切否定性，成为了一种"积极社会"的缩影。积极社会意味着在光滑的、无异物感的视觉和触觉世界中追求即刻的愉悦和对复杂事物的主宰之感。[1]

设计了中银胶囊大厦的黑川纪章在他的《胶囊宣言》中总结："舱体是一种赛博格式的建筑,人、机器和空间构成一种超越对抗关系的新生物体。"也就是说,舱体带着一种具身性的理想,希望成为人体的延伸,成为一种把人升级为赛博格的拓展义肢。

舱体义肢性的核心是其维持人类生存的各类能量和信息的供给。班纳姆曾试图将各类"舱体"构想中抓人眼球的形式淡化,聚焦于"舱体"概念的基础——平滑表面后的各类供给设备管线。他在 1965 年的设想《家不是房屋》(*A Home is not a House*)中,强调了建筑是一种供给、传输和消耗能量的装置。各类暖通水电及管线系统的复杂度在不断提升,而围合的幕墙材料却在不断地变轻变薄。这些机械式的水电暖通管线设施常常被认为是暖通设备而非建筑学的范畴而被置于建筑的讨论之外。建筑师则试图利用平滑的界面来遮掩、弱化这些机器系统复杂的、难以理解的本质。对技术持有密切关注的班纳姆把这些机电设备从建筑学的幕后搬到了前台,他提出,如今住宅的核心已经不在于遮风避雨的壳,而在于各类提供所需能量与信息的管线设备。如果这些高效而不再粗鄙的水电暖通系统可以独立存在,是否还需要坚固的房屋来支持着它们?

顺着这条思路,班纳姆描绘出在没有围合的支撑下由各种管线设备、天线电话所构成的建筑。这样一种"反建筑",失去了惯有思维中建筑的厚重形态和固定场地,稳固的形体在丰富的能量和信息供给中逐渐消解。班纳姆的"反建筑"本质上是一种舱体的想象,把原本固定的个体空间去形态化、原型化,浓缩成为人类生存提供能量与信息的集合中枢式终端(图 4-1)。这种供给中枢便可以被视作是一种拓展人体的"义肢"。各类实体的管线

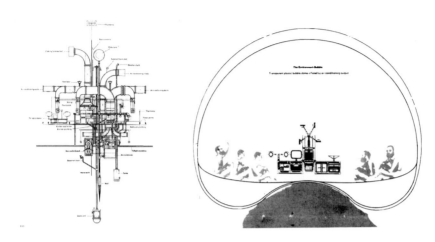

图 4-1　班纳姆的"设备外骨骼"和舱体式的"反房屋"

如同触角一般，与人体器官接触，与人体产生种种互动，维持着建筑作为人与环境之间的中介效应。

　　那么，班纳姆脑海中这种"义肢式舱体"在平滑表面下缠绕着的冗长复杂的管线终端在未来是否有迭代升级的可能？升维环境中信息和能量系统的动态覆盖，以及新人融合机器与生物的增强，能否创造出从舱体到端口的全新中介方式？

　　当人与万物都可能成为信息环境中数据传递的一环、能源环境中能量储存的基点，那么这些管线化、有着平滑外壳的舱体中介或许可能产生全新的方式运作。外在于人体、封闭围合庇护中的冗长僵化的管线传输，或许能够升级为贴近人体的、开放连接下精准识别的端口供给，与人造地球中的系统形成呼应与反馈。

　　"端口"是设备与外界通信交流的出入口，既可以是虚拟，也可以是物理的形态。"端口"在本书中更是生物与机器完美融合的体现。它体现出新人增强虽在外观上难以察觉，但却又触及了感官和意识的核心。"端口"摆脱了"舱体"构想中人体与建筑装置如同赛博格一般的结合与拓展。"端口"体现出的是建筑进一步内向地贴近人体的尝试，意味着技术对人的拓展摆脱了笨重的外在附着，转向内在化、微小化和去物质化的操作。"端口"可以摆脱"义肢化"所需要的调配和复杂操作，并利用"连接"与"系统"形成密集的、精准的递归反馈。因此，未来的建筑不仅需要从地理地质的角度出发思考环境中信息和能量系统带来的升维，还需要考虑新人增强下的端口生存。

在技术的视角下，物质、能量和信息是构成人类世界的基础。社会中所发生的一次次迭代变化的核心，从工业革命到信息革命，都是由于物质构成、信息载体和能量传播方式的巨大变迁。工业革命中的蒸汽机加快了物质在物理空间的自由移动，电气革命中的电网助长了能量的自由移动，信息革命中的互联网开启了信息的自由移动。

端口式的设想将在能源、信息和物质层面带来怎样的变化？以端口连接着能量和信息系统的新人将有怎样的生活方式？又将需要怎样的建筑？如果在端口下人人都能构造自己的能量、信息和物质环境，这种生存会带来怎样的便利？又会造成怎样的弊端？实体的建筑在这种趋势下是否还有存在的意义？这是对人和建筑的提升，又或是对其的异化？

4.2 端口的拓展

能量的端口

班纳姆在"反建筑"中总结出的供给中枢是当下建筑最常见的能量利用方式。无论是供电的插座、制冷的风口还是供热的暖气，都依赖管道的传输和管线的连接来实现。在与人体高度融合的端口化的想象中，能量的供给和接收，能否产生一种区别于舱体范式中通过各种管线连接的方式？

这个问题意味着需要重新审视能量的生产、使用和储存。我们所习以为常的能量供给是接入传统的电网。传统电网依赖少数电厂进行集中式、自上而下的供电。而在碳中和趋势下，未来的能源生产将会是更为智能的微电网。微电网不再是单向地自上而下的能量输送，而是将太阳能、风能等各类分布在用户端的清洁能源进行有效整合，用户也将成为参与发电的一分子。在储能方面，氢储能技术不仅能把清洁能源相对不稳定的电力供应进行有效的储存，其储存和运输成本也大大降低。

微电网意味着通过充分捕捉环境中的能量以达到在地生产。这种分散式的能源获取方式在未来是否有进一步升级的可能性？这需要将能量源头进行扩充，利用日常环境中除风能、光能、水能之外那些常常被忽视的辐射能、化学能、机械能等。许多科研机构都在进行着各种脑洞大开的自供电技术探索。

美国华盛顿大学的团队试图利用 WiFi 信号中的太赫兹波的能量为手机、传感器等小型设备充电。这种技术的普及能够使监控摄像头、温度传感器等物联网设备摆脱连线取电的必要，产生一种"空中取电"的无源物联网应用场景。[2]

这意味着能量的供给和接收可以从连线的限制升级到移动的自由，就像接入互联网的方式早已从固定的主机端升级为 WiFi 连接下随处接入的移动端，就像耳机音响已经通过蓝牙摆脱了连接线的缠绕，就像各类电子产品的无线充电已经摆脱了电源线的必要。这些无线的能量传输，事实上都是将外置的连线内化为设备中的微小接收端口。

与无线化相适应，独立式的能量自生产也是端口设想所基于

碳中和（Carbon Neutrality）
碳中和有两层含义，狭义上的碳中和即指二氧化碳的排放量与吸收量达到平衡状态，广义上的碳中和即为所有温室气体的排放量与吸收量达到平衡状态。

氢 储 能（Hydrogen Energy Storage）
氢储能的基本原理是将水电解得到氢气和氧气，譬如，以风电为例，当风电充足却无法上网时，可利用风电将水电解制成氢气，将氢气储存起来；当需要电能时，将储存的氢气通过不同方式内燃机等转换为电能输送上网。

长 时 电 网 储 能 电 池（Long-lasting Grid Batteries）
总部位于马萨诸塞州的 Form Energy 公司生产的新型的铁基电池可储存电能长达 100 个小时，为波动式电力生产提供了必要的廉价存储。

的另一种技术趋势。香港城市大学的团队试图将雨滴敲击的能量转化为电能。[3] 美国北卡罗来纳州大学的团队试图研发能利用人体与周围环境的温度差异来发电的可穿戴热电发电机。[4] 前文中也提到加拿大安大略省金斯敦女王大学的团队研发的将步行能量提取储存的外骨骼，以及麻省理工学院奥克斯曼团队利用蓝藻菌和大肠杆菌这两种微生物的新陈代谢机制来设计能够将光照转化为能量的衣物。在这些探索中，每一个人都可以是能量产生的源头，能量采集可以通过提取人体重复的日常动作，或是经历的普通场景中那些还未被充分利用的能量，形成一种全新的、独立的能量采集模式。

同时，这些自供电的设想也试图让设备微小化、贴身化，以端口的形态与人体结合。以 bodyNET 为代表的新型材料生物电子膜的研发就为人体提供了一种贴合于皮肤的端口的可能。bodyNET 的核心是可以延伸的电子器件，由柔软的塑料电路制成、比纸张更薄，能在不易撕裂、可生物降解甚至自我修复的情况下变形。这种材料所包含的柔性传感器能突破刚性传感器与人体不兼容的缺陷。当这些比可穿戴设备更加贴近人体的生物电子膜与人体结合，成为人体皮肤的拓展，人体便能通过这些"隐形"的端口与周围环境进行交流。通过实时观测身体温度和汗水控制，自动控制环境温度的调节。如果未来的生物电子膜能够提供比衣物更为精准的能量调控能力，衣物和建筑对人体温度与热量的调节是否可以被更个人化的温度调节膜所替代？

新人或许能从身处的环境中精准地接受能量，而不再靠封闭的建筑进行笼统的、同一化的温度控制。这也意味着从舱体尺度的"原始棚屋"到巨构尺度的穹隆，人类的生存曾经必须依赖的层层维护结构或许将成为过去式。

　　比能量控制去围合化更为大胆的想象是建筑师汉斯·霍莱茵的"非物理环境控制工具套"（Nonphysical Environmental Control Kit）（图 4-2）。霍莱茵大胆地提出，如果能够通过吞服某种药片来达到舒适的体感，是否比建筑和衣物的物理阻隔会更为高效？的确，当下人类体感舒适的环境仅仅是焓湿图中的一小块，如果未来新人的人体机能与感应机制都或将发生变化，能够接受之前无法接受和感受到的能量源，舒适的体感范围或许也更大，焓湿图中适宜生存的边界也可以被拓展（图 4-3）。

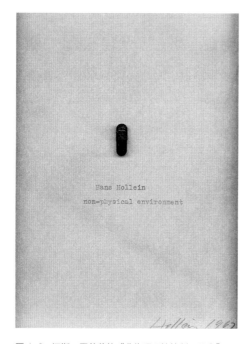

图 4-2　汉斯·霍莱茵的"非物理环境控制工具套"

汉斯·霍莱茵（Hans Hollein，1934~2014 年）

奥地利建筑师，曾任教于维也纳应用美术学院，于 1985 年荣获普利兹克建筑奖。

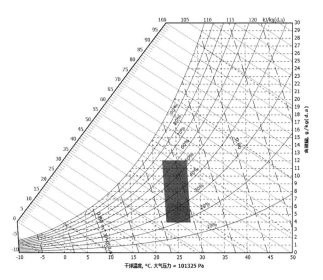

图 4-3　焓湿图中人体感最舒适的区域

在这种能量端口的构想下，未来去围合化的"建筑"能否成为人体感知和能量传递之间的一种精确的平衡机制，成为增强新人感知能力的补充和延伸？这对于目前的环境营造观念与技术的发展而言或将带来体系性的变化。

信息的端口

信息的端口也在不断地贴近人体。在智能手机和 5G 网络产生之前，我们需要依赖城市中如报刊亭、电话亭等固定的信息窗口。意大利先锋建筑师乌戈·拉·彼得拉曾经在 1972 年想象出一种舱体式的视频亭（Telematic House，图 4-4）来满足人类随时随地通过视频沟通的需求。然而这种视频舱体并未成为技术演进路线的一部分，40 年前的先锋思想未能预测到如今遍布的智能手机和网络能够产生随时随地的视频沟通。

焓湿图（Psychrometric Chart）
包含多参数的一种图表，可用于评估在恒定压力下气体混合物的物理和热力学性质。通常用于暖通系统对空气属性的评估。焓湿图中也常体现出人体在不同季节的舒适区。

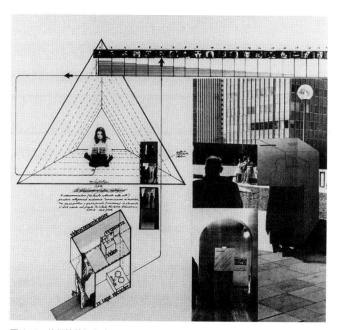

图 4-4　彼得拉的视频亭

　　然而，智能手机也并非端口的终极体现，这块手掌中的屏幕还存在着进一步靠近人体的可能。已终止的谷歌眼镜便是手机屏幕向人体视觉靠近的一次尝试，它的失败或许是因为出现在了不属于它的时代里。可穿戴设备的研发并没有因为谷歌眼镜的失败而停滞不前，各类增强现实头盔的研发让现实世界的动作可以驱动着虚拟世界中的探索。这似乎已是当前技术条件下对元宇宙入口形态的主流共识，现实与虚拟世界之间的"连接"仍需要外置的穿戴设备。

　　在"端口"的设想中，这些繁重外挂的设备将进一步微小化、无痕化地融入人体。以影视作品来举例，未来进入虚拟世界的理想方式或许不会如电影《头号玩家》所描绘的那样，每个人都带着一个眼罩式的重盔，辅之以特殊的服装来刺激体感，而更可能像

乌戈·拉·彼得拉（Ugo la Pietra，1938~）
意大利建筑师、艺术家，其作品体现出建筑与艺术跨界的实验性，曾与同时代的超级工作室、阿基佐姆工作室合作。

是韩剧《阿尔罕布拉宫的回忆》中所展现的场景，当人戴上隐形眼镜和耳塞，登录游戏便可以刺激到大脑中一切有关感觉的神经元。实际上，增强现实的隐形眼镜离我们已经不再遥远，Mojovision公司正试图开发用于体育运动的增强现实隐形眼镜（图 4-5）。通过其内置的 480 微米屏幕，运动数据便可以在使用者的视觉中叠加在环境之上。二者相较，更好的科技应是让人感知不到科技的存在。

图 4-5　Mojo AR 隐形眼镜

从智能手机到 Hololens 的混合现实头显，再到增强现实隐形眼镜，技术的发展正体现出从体外义肢向端口发展的趋势。人类对信息的接收不再拘泥于智能手机独立于人体的操作界面，也不是 MR 头显那种附着在人体上的设备，而是完美嵌入人体的微小化装置。这也正体现出从半人半机的赛博格范式到新人范式的变化。

未来学家库兹韦尔的设想甚至试图进一步内化信息的端口。在他的设想中，未来人体内的纳米机器人可以与我们的生物神经元互相配合，刺激人的感官从而激活虚拟维度。由此，虚拟和现实之间的任意开启转换便可以成为增强新人的"内化"能力。

这种体内的纳米机器人并非天方夜谭，数字医疗公司 Proteus Digital Health 曾在 2012 年推出智能药片 Helius，它将沙粒大小的传感器嵌入药物，药物被摄入后，内嵌的传感器可以通过胃酸获得电力，向外发射信号。配套贴在皮肤上的智能贴片则能够接收各种参数，并在相关联的手机 APP 上显示关于药物依从性、心率、体温、呼吸、睡眠等体征信息。

内化的信息端口不仅是接入信息系统所构架出的虚拟维度，更是对信息的掌控与传输，在人与人之间产生新的沟通和交互的方式。这种新型交互方式将依赖于脑机接口对大脑和神经运作模式的破解和拓展。在可预见的未来，计算力强大的量子计算机可能会对大脑神经进行更为先进全面的扫描，这将有可能把大脑活动从主观的经历感受量化成为客观的对脑部活动的机制解释。[5]

而类似于人脑工作机制的神经形态芯片，不仅为人工智能的发展提供了重要支撑，也为脑机接口提供了最小入侵性和最大兼容性的芯片支持。神经形态芯片模仿了人类神经系统的计算框架和计算模式，构建了可以进行交互通信的人造神经元和人造突触。它能够以接近零功耗来处理信号，且仅在工作时消耗能量。因此，神经形态芯片或将能够以更快的速度、更高的复杂度和更高的能源效率进行计算和通信。[6]

在未来脑机成熟的时刻，当下这种通过键盘、鼠标和触屏等外在的信息互交的方式将被升级为去物质化、去中介化的端口操控。脑机结合将使信息能够在人脑与电脑这两种完全不同的载体中形成反馈。新人或许能通过意识操作电脑、汽车。与人交流，而不需要依赖肢体或是语言来表达意愿。[7] 在这种前景下，人类的语言是否会发生退化，让位于一串串脑电波的编码？毕竟语言的模糊性、多义性并不是最高效的沟通媒介。

通过脑机结合，人类可以拥有计算机的搜索能力，即刻搜集到想获取的信息并上传和下载。当硬盘记忆拓展了人体记忆，直视过去或许会变得直观，届时学会如何遗忘或将愈发成为一个重要议题。通过脑机结合，人类的思维与机器的大数据运算思维的贯通，看似提升了人类的思维能力，但决策的主体是否在不经意间会让位于算法，这究竟是一种更为高效的进化还是需要警惕的异化？

物质的端口

在信息和能量系统日益完善的趋势下，物质的操控也开始端口化。工业技术发展所带来的各种先进强大的机器，本质上是人类对物质操作方式的进步，是对人类力量和精准度的辅助和补充。

尽管建筑行业在工业化自动化进程中并不算先进，但却是人类对物质进行复杂处理的典型体现。建造的过程包含了将人脑中的构想通过层层的信息传输和能量利用，再转化为现实之物的物化过程。建筑行业这种耗时耗力的物化过程，是否能够在系统和端口的设想中变得更为精简和高效？

不同于信息和能量端口，物质的端口的设想并不是一种能够与人合体的微小化的设备，毕竟对物质的操控需要依赖繁杂的机器，人类也不需要时时刻刻都和繁重的机械臂相结合。通过人与机器的信息和能量端口的连接，人类便能操控这些功能广泛的智慧机器，使其成为独立于人、又能通过端口相连远程遥控的全能生活助理。

未来参与建造的理想机器或许将不是工业流水线上功能固定的机械式运转的一环，而是能够响应人与环境的智慧机器，具备更多种的灵活操作可能。机器的端口化就意味着多功能化，通过在其端口接入不同的末端工具来进行多样化的操作。机械臂和无人机就是这类机器的代表。机械臂不仅已成为生产汽车的主力，更可以进行包含模块化搭建和连续化塑性的物质操作，甚至可以成为厨房里的帮手（图4-6）。无人机为人类提供了曾经难以到达的高空视角，可以成为快递员，甚至替代塔吊进行高空搬运物体（图4-7）。机械臂和无人机等多种不同种类机器人也能够形成机器群，进行功能互补协同合作，让轻便的、能动的与稳固的、负重的功能趋向相结合，充分发挥作用不同的机器人的优势。机械臂的六轴运动和飞行器的自由行迹正在趋向全方位、无死角的空间作业，减少了机械化的僵硬，增加了生物化的灵敏。

这些端口化的机器将如何被操控呢？ 在端口与系统的架构下，信息系统覆盖的环境在即时的破译和编码中被不断转化为机械臂和无人机接受指令的场域。通过将环境编入机器运动的空间坐标，

机械臂（Robotic Arm）
在建筑行业的运用是对汽车制造行业的又一次技术转移。2006年苏黎世联邦理工学院的法比奥·格马奇奥（Fabio Gramazio）和马赛厄斯·科勒（Matthias Kohler）教授首次将工业机器人引入建筑学领域。

图 4-6　机械臂厨师

图 4-7　无人机空域建造

这些机器便可以精准地操控物质，如蜂群般智慧地参与建造与组装。也就是说，对物质的指令可以突破人类或机器预设的、固定的、单线性的流程，而转化为环境中持续的、即时的、递归性的动态反馈。[8] 由此，环境中无形的力和能量流向都能以端口的形式传递给机器，这或许将激发并创造出更为高效的施工流程和结构类型。

无人驾驶汽车就是一种端口化的智能机器，能够将乘客的信息和环境的信息以"端口"的形式即时地、持续地输入到汽车当中。这种方式代替了驾驶传统汽车所需要的身体与机械体进行协同性的训练和适应。传统的汽车就如同"义肢式"的舱体，在驾驶的过程中，信息传递和能量操控仍然需要通过人类与机器进行多重操作。

建造过程中对物质操作的复杂程度远远超过驾驶，其中也有着大量有潜力优化的流程。当下建造过程中关于物化的信息仍然是零碎烦琐的，需要依赖模型、图纸的层层传达。尽管行业中有

BIM 等软件的运用，但各类信息的汇集、反馈、修正仍然耗时低效。未来的智慧化机器能否简化建筑信息生产和传递的流程？人类对建造中物质操作的决策是否能够更多地让位于智慧机器？未来的建造能否像无人驾驶那样发展出能够接受人和环境指令的全自动流程？

这些问题都指向将人类的手动操控让位并授权给智慧机器的操纵。这延续了工业革命时代用机器解放人的宏大叙事，体现出人类的深层野心：创造出能与自然生命体相类似却完全服从指挥的人造物，并赋予其动的可能性，以此让人类被这种类似于生命体的、听话的人造物所环绕。[9] 基于这种推断，如机械臂和无人机这样的多功能机器是否有可能普及，使其成为人人都能够拥有并使用如汽车或智能手机一般的日常器具？如果这种场景真的能够实现，这是否会进一步导致手的"萎缩"？当人不再依赖动手加工制作，只需要运用手指进行点击操控。这是否会让人丧失自主行动的能力？

除了操控物质的机器之外，物质本身也在信息和能量系统中有了新的可能。物质与信息不再是泾渭分明的两种分类。自然物与人造物的融合、比特与原子的互交将产生带有全新属性的物质。物质也能够通过信息的传递展开有效的对话，产生和声回响，产生合适的组合。"砖想成为拱"这句经典名言将不仅意味着建筑师对材料使用的领悟，还意味着材料自身获得了向建筑师传输信息的渠道。

从一方面来看，物质中可以内嵌着信息；从另一方面来看，信息也可以快速地物化。在 3D 打印（图 4-8）和 3D 扫描（图 4-9）的双向操作中，信息流可以通过连续化的 3D 打印转变为物质，物质可以通过以 3D 扫描转化为信息流。这种转变缩减了现实物体和

建筑信息模型（Building Information Modeling，BIM）
由 Autodesk 在 2002 年率先提出，可以帮助实现建筑信息的集成，从建筑的设计、施工、运行直至建筑全寿命周期的终结，各种信息始终整合于一个三维模型信息数据库中，各方人员可以基于 BIM 进行协同工作，有效提高工作效率、节省资源、降低成本。其合作模式就是能够让不同专业的参与者可以在各个阶段进行即时信息的更新互动，使之成为一个无缝的流程。

虚拟数据之间的距离，信息和物质可以更加无缝地转换，思考与物化之间的巨大鸿沟也得以被渐渐填平。3D打印技术不仅能通过混合材料来建造建筑和复杂的结构构件，或是打印出具有复杂形状的金属零部件，它还能利用生物材料打印出有生命的细胞体。如果3D打印技术能够进行纳米级别的操作，利用分子和原子为单位来组装物体，那么物质将重新被定义。这也意味着需要把关注点从物体深入到物质的属性，从材料深入到材料性。[10]

图4-8　ICON3D打印建造

3D打印机（3D Printer）
1986年由美国科学家查尔斯·霍尔（Charles Hull）首次研发，其原理是通过将打印路径转化为点坐标的形式传达给机器，把现实的世界坐标系化。机器在坐标系中移动和接受指令，再配以合适的参数如打印速度、温控等便可以实现建造。

图4-9　Lidar 3D扫描

荷兰建筑事务所 MVRDV 的创始人之一威尼·马斯（Winy
Mass）便大胆畅想了当建筑材料能够以纳米为单位进行重构后的
图景。在他的畅想中，建筑材料不再是坚硬的固体，而可以反复
地由软变硬、由直变弯。在这种方向中，MVRDV 设想出一种终
极的建筑材料 Barba（图 4-10）。Barba 可以改变形状、缩小变大，
它能形成墙壁和屋顶、窗户和门、楼梯和家具，它能传输水和物
件、传导电能，它能清理运送垃圾。人们用手、身体控制这种几
乎万能的材料就能做到这一切，未来甚至不再需要其他建筑材料。
Barba 的想象实际上也是一种"舱体"的想象，是一种弹性的"舱体"，
一种能够让人类轻易操控其变化以满足生存需求的中介方式。

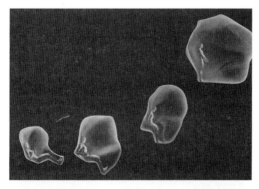

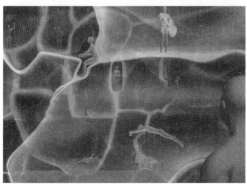

图 4-10　MVRDV 构想的 Barba

Barba 构想中的超级材料并不是天方夜谭，加州理工学院实验室教授、纳米结构倡导者朱莉娅·格里尔（Julia Greer）的研究便体现出给金属和陶瓷材料打造纳米级结构可给它们带来"超能力"。这些材料可变得极富弹性，极其坚固又十分轻盈，同时能够在被压平之后恢复成原来的形状，这些材料如果能实现量产，将有望改变一切东西的建造方式。

全新的建筑材料和相应的环境因素将成为影响未来建成环境的新范式，如同钢铁和混凝土的出现彻底改变了地球的人造环境一样。这些新兴材料所体现的生物能动性和信息反馈的机制正是建筑作为智慧生命体的体现。

人即建筑，建筑即人

基于"系统"和"端口"设想中的信息、能量和物质的新的操作模式，如果物质与信息的叠合使物质变得响应化，地球上的各种物质也因此被纳入控制论的构想；如果人造物与自然物的边界终将消解，不仅互相借鉴融合机制，而且在信息和能量的流通中产生多维的反馈和互动，那么人与建筑将产生怎样的互动？又将形成怎样的新关系？

这些问题或许可以用"人即建筑，建筑即人"来进行概括。这不是一个答案，而是一种提问和反思，是思考人与建筑异化的支撑点。

"人即建筑，建筑即人"不能被简单地解读成对生命主体的冰冷物化或者对人造客体的盲目拟人。建筑虽然有可能成为智慧化的机器生命体，或者是人工智能的物质载体，但是在人工智能发展出意识之前，它仍然是以一种不具备主体性的人造机器。建筑是否会升级为具有自主意识的智能载体，涉及人工智能未来对自主意识的建构，也涉及人工智能是否应当成为独立于人的新主体的哲学与道德讨论。当下的技术现状对这个争论无法给出令人信服的答案，也会是未来人类社会的最大变数之一。

"人即建筑，建筑即人"提出了一种看待世间万物的新方式。我们熟悉的分类方式把世界分成两类，即人造物和自然物，这也是第一二章讨论线索的开始。但这种二分法是不是一种不加反思就被默认为真理的分类？这种分类的起始基础是现代文明和工业化视角下人将自身与自然区分开来所产生的。"人类日益技术化"和"人造物日益人格化"是当下发展的趋势。当新人的纯生物属性在增强的过程中不断地被稀释，当智慧的机器越来越多掌控能动性，人是否还是一种区别于万物而特别的存在？人是否还是一种既定的主体，或是在各种增强的进程中沦落为"项目"？这是否意味着需要重新把人放置到物的世界？人与物的关系是否只是众多物与物之间关系中的一种而不是一种优先的关系？[11] 这些问题都意味着重新思考长期以来人与建筑之间看似稳定的主客关系。

人的主体性和物体的客体性是西方哲学中一直在探讨的命题。简短来说，自文艺复兴和启蒙运动之后，以笛卡尔为开端西方近现代哲学高扬人的主体性原则，理性的人获得了哲学层面的主体地位，并将人从有机共同体中"脱嵌"出来，将自然世界客体化。人与自然、人与物的关系便被概括在"主体与客体"模式之中。[12] 这种主客关系的思想惯性把人类和非人类划分成僵化的两类，把人类的生存活动界定为主体对客体的构造和征服。因此也带来了当下人类习以为常且难以摆脱的人类中心主义。

"人即建筑，建筑即人"则是倡导人与建筑之间的关系不能

人类中心主义（Anthropoce-ntrism）

指人类以"主体"作为，相对于非人类以"客体"作为特权。普遍的趋势经常限制人类的思想、自治、道德能力、理性等属性，同时将所有其他存在作为"对象"的变体，或遵循确定性定律，与其他事物进行对比。

再简单地、不加以思索地以"主体"和"客体"进行区分，而需
要设想一种去稳定的、去中心的以及生成的关系。在人类自身与
人工智能都可能带来颠覆性的前景之下，主体和客体或许将不是
边界清晰的二元对立，而是连续梯度的相对关系，需要通过实践
不断建构起来。在这种主客体属性流动的思路下，世界不再能被
分成泾渭分明的两类。观察、理解和行动的能力不再仅属于人类。
建筑不一定会通过睥睨人类的智能获得与人等价的"主体性"，
而是通过逐渐掌握主动观察和理解的能力，在主体和客体这个连
续的梯度中更接近人的状态。这也意味着需要接纳人与物都能够
成为主体的可能性。而建筑增加的主体性将对人带来必然的挑战，
两者的关系需要被重新审视。这将挑战人类中心主义，重新定义
人与自然万物之间的关系。

人与建筑之间的关系也随之可以用"交往"来理解，如人与
人、植物与植物、动物与植物等，而并非主体与客体之间"拥有"
和"生产"。交往意味着人与建筑不再仅是主客之间清晰的"空间"
关系，而是物与物、物与人、人与人之间的"连接"关系。"连接"
下的交往将成为两者之间共生共存的基础，不再是主客之间的分
工而是平等地互动。

那么人与建筑之间会产生怎样的互动？在持续流动的信息和
能量系统中，人在使用建筑的时候，建筑也在利用人的行为来进
行自我学习。通过端口的连接，新人与建筑能够定义彼此，产生
不断变换的动态互构。这种交往也意味着人类对建筑的评判不再
局限于静态的视觉或是沉浸式的体验，而是交往中积极感的营造，
以及协同中对生存问题的回应。正如谚语所言，"最舒服的衣服
给人的感受正如没穿衣服"，最舒服的建筑或许也需要让人感受
不到它的存在。它与人和二为一，达到"人即建筑，建筑即人"

的状态。

从生产、占有到交往的转变也意味着需要把建筑学的注意力从偏重关注的生产端转移到常常被忽视的使用端。"人即建筑，建筑即人"的新框架意味着建筑的生产端和使用端或许不再是分割明确的阶段，而是连续的动态过程。无论是富勒还是福斯特，都在试图用技术升级建筑的建造端，而忽视了建筑的使用端。而伦敦娱乐宫是使用技术化的典型案例，人的活动和事件都成为建筑的重要部分，突出了人与建筑之间在物质、信息和能量层面的交往和相互作用。

因此，所谓"人即建筑，建筑即人"不是一种决定论式的终极状态的定义，而是对过程趋势的预判。人与建筑之间有机和无机、主体和客体的边界需要重新被构思。两者都可能是人造物与自然物的结合混生，物质、信息与能量能够在两者之间交流转换，人与物、主体与客体之间的对立关系逐渐消解。人与世界万物不再是二元对立，而是在信息和能量系统之下成为无数个连接。

人和建筑在未来都将发生变化，变化的趋势是两者都有可能趋向人造物与自然物的精密混合。这意味着需要突破传统视角中对人和建筑的理解，以一种超越人与建筑传统界限的思辨方式去看待未来充满着不确定性的人和建筑，关注技术变革中建筑与人之间边界的开放与流动。由此产生的全新生存方式，带来的新的挑战和可能，是建筑学应思考的变化。

在"人即建筑，建筑即人"的状态下，在系统的覆盖和端口的连接中，将给人带来怎样的生存方式？这些可能出现的新生存方式是突破工业时代技术对人的压迫和异化，还是技术实现了更深层次的垄断？

4.3 生存新状态

产消式生存

"人即建筑，建筑即人"所体现的人与万物从生产、占有到交往的转变将带来什么样的场景？

设想在充满新材料和操作方式的物质环境中，当 3D 打印端口成为手机一般普及，每个人不仅能购买和拥有物品，更能如变魔法般无中生有地制造物品。从日常的生活物品到食物药品，我们或许需要的不再是琳琅满目的各类商品，而是从环境中提取材料，将其分解为原子或分子，再在纳米的尺度，通过端口的操控以完全不同的方式重新组装。

设想在信息系统覆盖的世界，每个人不仅可以即时地获得最想要的推送、最合理的指引，被丰富的沉浸式的内容所包围，更可以通过脑机接口等端口在开源的元宇宙中构建出自己的世界，并开放给其他人体验。

设想在能量系统的环境中，每个人不仅能通过多种能量源头获得和消耗能量，精准且无浪费地营造适宜的微气候场景，更能将自身行动所产生的能量供给周围环境。

这些设想体现出每个人既是使用者也是创造者，消费使用者与生产者的距离被拉近，消费者也参与到开发与制造的过程中。这正体现出未来学家阿尔文·托夫勒曾构想的将生产者与消费者相结合的"产消者"概念。[13] 在信息媒体领域，产消式的开源架构和自创造已经屡见不鲜，比如在注意力经济下通过直播和短视频把个人的生活都转化为内容的商业模式。产消这种概念在未来能否延伸进建筑？

阿尔文·托夫勒（Alvin Toffler，1928~2016 年）
美国未来学家，1970 年出版《未来的冲击》，1980 年出版《第三次浪潮》，1990 年出版《权力的转移》等未来三部曲，在世界范围产生了广泛的影响。

产消者（Prosumer）
可以自行生产所需商品和劳务的消费者，结合了专业生产者和消费者的角色。托夫勒预言他们是形塑未来经济的新主角。

譬如说，人类是否能够"边建边住"，居住即是建造，生存即是建造？在信息和能量的框架下，能量获取、建造消耗和自身存在能否又融为一体？建筑的构思、建造与使用是否可以不再是分阶段的过程而趋向重合？

这意味着人不仅生活在建筑中，同时也不断在构建自身所处的环境，不断地创造适宜的能量环境、定制的信息环境以及专属的物质环境。由此，建筑不再是一个有着完成状态的物体，而是具有生长变化可能性的生命体，并能够形成各种场景化的信息和能量的中介状态，不断根据人与环境的状态进行变化和调整。人与建筑的关系不再局限于物质上的创造与使用，而是进一步成为信息与能量上的互构，这将重新定义人体的边界和建筑的边界。建筑成为一种开放的、不断变化的主体，其时间性的动态发生也将超越空间性的静止围合。

如果建造、能量获取和自身的存在融为一体，每个人将可以在技术的加持之下成为自己的建筑师。建造是否将在"系统"和"端口"的架构下成为一种生存方式。

这不禁让人想到海德格尔所提出的"栖居"（Dwelling）的概念。栖居不仅仅是居住的意思，海德格尔通过对古老德语和英语词源的考证，归纳出"存在""是""筑造""居住""养护"这些词之间的古老的连接。[14] 这体现出人类与土地、农作、建造相连的生存方式以及居所对定义自我的重要作用。

栖居的概念将人类的生存与技术建造紧密联系在一起，而不是在分工明确的现代社会中被异化为背负一生沉重负担，建筑也不再是由专人设计建造的水泥盒子。在未来技术的前景中，建造过程或许又能成为一个与人的生存息息相关的体系，自然而然地与"没有建筑师的建筑"思潮遥相呼应，成为揭示人居环境自发

马丁·海德格尔（Martin Heidegger，1889~1976 年）

德国哲学家。20 世纪存在主义哲学的创始人和主要代表之一。海德格尔思想的核心是：个体就是世界的存在。在所有的哺乳动物中，只有人类具有意识到其存在的能力。人类通过世界的存在而存在，世界是由于人类的存在而存在。

生成的规律，成为人类筑居经验的构成部分。[15]

然而，"产消式生存"与"栖居"的不同在于，这不是扎根在一处的繁衍生息，而是技术加速更迭下的速变，不是局限于家庭和社区自给自足式的"自然经济"，而是通过系统的架构向全人类开放和分享的机制。

"产消式生存"更好地顺应了个体的需求，一切都可以根据各自的喜好更改，一切都是可以轻易地变化和产出，一切当前的状态只是短暂的一瞬，这是激发了人类的创作灵感还是助长了人类的即时欲望？是平衡了供给与需求，还是加剧了消费品的无止尽迭代以达到折旧红利的变现？

当下消费社会中的生存状态离不开对商品或服务的占有，而城市环境则为消费行为提供了高度浓缩的场地，那么未来产消式的生存又将带来什么样的场景？

日本建筑师伊东丰雄在 20 世纪 80 年代末的"东京游牧少女之包"（Pao：Dwellings for the Tokyo Nomad Woman）（图 4-11）提供了思考的线索。这是对消费主义的急速膨胀和其对城市人居环境影响的反思，是极端消费主义下生存状态的构想。"游牧少女之包"的设计采用了极细的钢管和网布，凸显出轻盈的流动特质，仿佛下一刻就能飘往其他地方。伊东丰雄设想着城市中遍布着的丰富的消费场景可能导致居住空间的无用和消解。因此，包中仅有三种增添生活品质的家具："梳妆家具""小食家具""知识家具"；其他能够由城市提供的、更为基本的生存居住功能则全部移除。的确，在如今的城市中，咖啡馆可以替代客厅，餐厅可以代替厨房，短租民宿可以替代卧室……原本发生在住宅内部的行为被抽出，外置到城市环境。换言之，居住空间的功能被城市空间所吸收。伊东丰雄通过对"家"这个固定空间概念的

消费主义（Consumerism）

指相信持续及增加消费活动有助于经济增长的意识形态。20 世纪以来大规模生产导致生产过剩，商品的供应量超出消费者的需求，因此制造商计划性地让商品过时和通过广告来操纵消费者的欲望和支出。在消费主义至上的社会中，每个人都在充斥着消费品的环境中被定义为消费者。

伊东丰雄（Toyo Ito, 1941~）

日本当代建筑师，曾获得日本建筑学院奖和威尼斯建筑双年展的金狮奖。获得 2013 年普利兹克建筑奖，最具有代表性的作品是八代市博物馆、仙台传媒中心等。

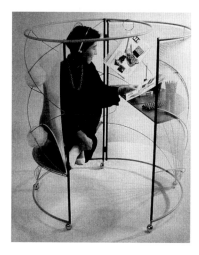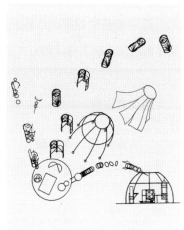

图 4-11 伊东丰雄的"东京游牧少女之包"

瓦解和重构，体现出对未来某种生活状态的想象。未来的产消式
生存，是否将把这种构想进一步引向极端？

　　人造地球环境中信息的激增或许能让对物质的占用被共享的
服务所代替。越来越多的物品，包括办公场地、无人驾驶汽车、
各式各样的器具都在加入可共享的行列。未来的新人是否又会像
原始社会中的人类祖先，可以在复杂的自然环境中随时随地获得
工具，用完之后就将其抛在脑后。原始人没有不断累积的物质，
但却又集环境中的一切于自身。[16] 在信息和能量系统的架构中，
在产消式生存的想象中，未来的新人能否也摆脱拥有事物所带来
的负累，共享使用而非拥有事物。

　　产消式的生存能否为新人带来一种自给自足、自然有序的状
态是需要思考的关键问题。前文中所提到的无论是机器的原理融
入生物，还是生物的机制混入机器，这些技术实践的愿景都包含
着技术如何能将社会带回更加单纯有序的自然式生活，成为科技

桃花源一般的构建。产消式生存的速变是否会将人居状态引入虚无？还是能够在物质、信息、能量系统的端口化交融中，以一种循序渐进的、长久持续的方式营造出高效的、可持续的宜居状态？

茧体式生存

"人即建筑，建筑即人"所体现的智能化万物的普及意味着人与物的交往将大量增加，这是否意味着人与人之间的交往将被冲淡？

设想当人工智能能够成为围绕着个人的智能助手，它不仅能够协调日常琐事，更能在个人基因测序的生物解码和大数据的信息算法的共同指引下，时刻提醒我们的行为后果。它甚至成为在选择困难时指引我们的万能的"神"，帮我们捕捉收益最大的投资机会，结交属性最配的朋友伴侣。

设想当我们需要他人陪伴时，最能够提供安抚对话的，可能是全息投影出的、根据数字信息历史构建出的我们深爱而逝去的亲属，或是某个存在于设备中为我们性格定制的虚拟伴侣。

设想当我们需要娱乐消遣时，不再需要在现实世界中受天气、场地限制的运动和郊游，而是沉浸在更具体验感的混合现实中，足不出户便能身临其境地活动和游览。

无论是智能助手，还是虚拟场景，都体现出虚拟维度对个人的全方位笼罩。人体在端口化增强的趋势下看似能够快速地在物质、信息与能量维度连接万物，但这都是以个体为中心的连接和获取。智能物看似能带来的反馈、服从、愉悦的交往，实则有着将与真实人交往边缘化的危险，让社会进一步陷入原子化、个体化的处境。

因此，拥有各种端口、处于信息和能量连接中的新人，既可以是开放连通的，也有着被连接的"丝线"包裹在无形的"茧体"中的危险。在满足个体最大化的目标中，人不再是需要参与到社会关系中的一分子，而是膨胀成为一个个以自我为中心的"茧体"。

"茧体"这个概念所暗示的自我营造和不断生成正凸显了系统和端口下的产消式状态。编织出"茧体"的"丝线"就如德勒兹笔下的"根茎"概念，向各个方向拓展而没有明确的中心，让"茧体"产生着不断的变化。

"茧体"也可以被理解为个人生存的最小建筑单元——房间在未来可能出现的新形式。这种新形式是舱体构想的进一步延伸与迭代。舱体看似独立，却依赖着基础设施架起的信息连接、商品的物流供给，以及能量网的持续供应。看似封闭独立的生存方式，反而对社会有着极强的依赖。拥有端口的"茧体"则能够自生产、自获能，与更大范围环境产生互动，弥补封闭舱体构想中的依赖性和脆弱性。

此外，"茧体"不再仅仅是物理空间上的，而是横跨了虚实两个维度。它既可以是一种小到无形的个体化包裹，也可以是一个大到无限的定制化世界。实现了"小而无内，大而无外"的假想。它翻折了内外，模糊了远近，混合了真假。而与当下的房间最大的不同或许正如"人即建筑，建筑即人"中所暗示的那种难以捉摸的动态化和持续交互的拟人化。

建筑团体道格玛在其项目"自己的房间"（The Room of One's Own）中通过绘制和讲述从旧石器时代到当下的具有代表性的房间平面和透视，探究了房间、隐私这些概念的形成。我们当下所熟悉的房间并非人类生存永恒的形式，而是特定历史环境的产物，是基于家庭的构架和日常活动的划分，更是基于社会对人

根茎（Rhizome）

相比于树状结构中庞大的、中心化的、统一的、层级化的概念结构，块茎状思维将现实重新解释为动态的、异质性的、非二元对立的松散系统。

道格玛（Dogma）

比利时的建筑研究所，各类建筑双年展的常客，其创始人在AA、贝尔拉格、耶鲁等名校任教，成立近二十年间产出了大量的研究和图纸，却鲜有建成作品。

类行为的期待和训规。

如果茧体是物理空间式的"房间"之外、未来人类生存方式的想象，那么我们可以顺沿着道格玛关于房间的研究和反思，继续思考人类生存中交织着的交往与独处。在信息系统的覆盖中，任何一个地点都能变成工位，任何一个地点也能成为消遣的乐园。未来的人类将怎样平衡工作和生活，怎样定义隐私和自由？

"茧体"虽然消解了舱体的硬边界，但信息和能量的连接也能涌现出无形的软边界。软边界看似互联疏松，却更有遮掩和束缚的作用。

"茧体"的虚拟维度看似能让人们更轻松地创建联系和社群，但却更容易将相同意见的人聚集在一起。推荐算法增强用户黏性的技能越来越成熟，能够精准地为用户推荐感兴趣的内容和博主，信息也由此变得极端个人化。这是否会加剧狭隘思想的滋生，形成同质化且具有排他性的信息社区？当下不同国家对不同社交软件的使用和禁止，正体现出虚拟世界的技术阻隔比现实的阻隔更难突破。

茧体化生活将不可避免地带来交流的颠覆，人与人之间的交往和交流将在端口的协助下，越加脱离面容、脱离身体，将多维度的眼神交流、肢体交流、感知交流扁平化为一串串代码。这是高效的体现，还是一种积极地将自我转化为二进制的字节、量化为流动数据的陷阱？当身体的信息、生活的记录、生存的轨迹以及个人的偏好、倾向和欲望都以数字信息的方式架构成了茧体的中心。我们还能否避免在数字注意力经济裹挟下陷入虚无主义的深渊？能否避免离开数字技术便失去了对生活和生存的知识和能力？

在德国哲学家彼得·斯洛特戴克看来，在这种个体增强的趋

彼得·斯洛特戴克（Peter Slot-erdijk，1947~）

德国哲学家、文学理论家，他于 1992 年起任卡尔斯鲁厄设计高等学校美学和哲学教授，同时任该校校长。他的代表作有《球体》三部曲，以及《资本的内部：全球化的哲学理论》等。

势下，人的处境就像是聚集的泡沫一般。[17] 泡沫中看似独立的气泡却是彼此相连，共享一层薄膜。"每个泡沫都是一个'世界'，一个感官的地方，一个与自己的内部生活产生共鸣或振荡的私密空间"，同时又与所有其他泡沫相连，是一种联系的隔离、联系的孤立。泡沫的概念也形象地描述了在元宇宙原子化的世界中，每个人都难免成为看似自给自足的孤岛。

在现代社会原子化的趋势中，人与人的关系已经从家族式的亲缘关系变为社会式的个体联系。当个人主义的趋势在技术的加持下大步迈进时，集体主义难免会遭到抵触。当每个人都沉迷于自我的增强与自我的营造，最简单、最真实的人与人之间的连接变得不再必要或难以维持。增强所体现的个体理性却无法形成集体理性，个人的合理选择未必是人类集体的合理选择。集体利益与个人利益的冲突，似乎是新自由主义思潮下社会所无法摆脱的困境。[18] 这种个人的增强如何促进社会整体往好的方向变化，而不是更深的分化？而建筑又应该如何来应对个体增强与集体生活之间的矛盾与博弈？物质的"巨构"与"舱体"二分体系所遭遇的问题，能否在非物质的"系统"和"端口"的新处境中得以避免或解决？这是从过去延续到当下，并留给未来的课题。

游戏化生存

"人即建筑，建筑即人" 所体现的场景化交互是否意味着更有乐趣，更鼓励自主参与的生活情景？

设想在混合现实的世界中，当人的人生历程、健康状况、职业发展等，都能够被量化数值可视化，系统中的智能环境能随时提醒我们排名积分产生的浮动变化、升级通关所需的经验差值，以此用游戏任务的方式激励着参与与行动。

设想各类任务的发布和完成都能通过端口进行高效的传达和反馈，网上选购商品、线上组织会议等，都不再依赖着智能手机中小屏幕上的操控，而是在混合现实中把这些日常生活中的任务转化为触发、孵化出各种令人兴奋的沉浸式体验。

设想未来在元宇宙中，游戏甚至可以是有产出的劳动，其中的收益可以反哺现实生存的所需。游戏或许不仅仅是业余活动，当产消式生存重新定义工作和休闲之后，它或可成为生存的一种媒介，成为生活世界规则的解释。

游戏化的互动方式实际上已经潜移默化地植入了我们的生活，无论是积分的排名、里程的累计、速度的比较，都试图吸引我们的注意力和用户黏性。 游戏化生存意味着一场永不停歇的嘉年华状态，而元宇宙就是这种嘉年华状态的极端体现。

游戏化的吸引力在于对感官的刺激。信息流下的拓展现实总是一种以第一人称视角的沉浸式体验，围绕着观看者的感知点来定位世界，并将整个世界压缩成一个以自我为中心的导航隧道，所有的东西都被显示为一个不断扩大的流。现实世界中如热源、光源的体验都可以通过技术性感官刺激来进行还原。在这种趋势下，各种感知能力的边界都在不断突破行程的通感体验。曾经的听觉刺激可以被增强现实技术成像为视觉画面，曾经的视觉画面能够被虚拟现实技术转化为真实的触感。

这些拓展现实的游戏化体验诱惑着玩家进入不断翻折的、层层深入的虚拟来寻找愉悦，这意味着需要在愉悦中麻醉自己的身体现实的感官，因为现实身体的新陈代谢反倒成为享受虚拟世界的干扰。新人需要面临的问题是何为实在物体、何为感知物体、什么是实在物体中包含的信息、什么是由信息流构成的虚拟物体。

这到底是感知力的增强？还是在增强的感官刺激中更加麻木？游戏化生存虽然带来了新鲜和刺激，但也面临着德国韩裔哲学家韩炳哲对数字生存的警示："人们经历了千山万水，却无法形成任何经验。人们没完没了地数数，却不能完成任何叙述。人们感知所有的事物，却不能形成任何认知。"[19]

这些游戏的意义在于打破日常生活的束缚，走出常规，将工作任务化和收益具体化，利用游戏激发自主参与性。在游戏化的场景中，角色的扮演希望能让玩家感到更加强大的力量，成为自己故事中的英雄。[20] 当然，在这种竞技性、目的性强的游戏中，有英雄便注定有失败者。

游戏意味着规则，规则意味着控制。有人将会是游戏规则的设计者，有人会是利益获得者，而大多数人一旦参与其中，可能将面临的是在游戏规则压迫下的异化。外卖骑手的工作就是"数字控制"的最典型案例。这种控制已经超越了机器对人的压迫，而升级为信息系统中泛在的规则秩序。这种规则不仅钳制着骑手的反抗意愿，蚕食着他们发挥自主性的空间，还使他们在不知不觉中参与到对自身的管理过程中。

游戏意味着竞争，竞争意味着争抢起跑线，意味着添置装备，意味着自我增强的驱动，以便以更高更强的状态参与到竞技之中。第一章中讨论的关于新人在生命力、体力、智力、魅力和感知力五个方面的增强，都可以看作是游戏化生存中竞备的努力。纳米机器人可以拓展能量接收的端口以提升人的生命力和体力，传感器的融合可以拓展感知力端口，脑机的融合可以拓展人的智力端口，虚拟化身可以拓展人的魅力端口。这些端口增强方式都可以用来应对、参与或是享受游戏化生存中体验的刺激和竞争的胜利。

从这种角度来看，游戏化生存或许带来的是进一步追名逐利的沉溺。能否有一种非竞技的游戏化生存，不是将弱肉强食的丛林法则放大，而是以趣味性来激发灵感、团结公众？伦敦娱乐宫这个在本书中多次被提到的案例，就是以建筑为载体赋予公众娱乐（Fun）和放松而非竞技的最佳体现。它强调以动态的建筑来激发人们的创造，强调以公共的姿态来凝聚集体的参与和行动。

如果说伦敦娱乐宫只是技术乌托邦中难以实现的想象，那么里卡多·波菲尔的集体住宅则通过让人耳目一新的公共空间营造和近乎超现实主义的场景构造，让富有趣味的片段融入日常的生活。这些建筑案例都体现出在人类难以避免的生存竞技下，通过建筑的场景将日常生活点缀为富有乐趣的轻松游戏，而不是通过信息技术将生存挣扎包装为输赢至上的竞技游戏。

4.4 增强的危机

新人的困惑

技术趋势下的端口增强，虽然在信息、能量和物质层面创造了全新的运作模式，也带来了产消式、茧体式、游戏化的生存状态。这些生存状态所突显、所依赖的人类自我增强，是否会将人类引向更美好的未来，又或是潜伏着更深层的危机？

人的优化诞生一定会带来快乐和聪慧的后代吗？还是会转变为后患无穷的优生学，成为臭名昭著的人种改良的危险试验？如果父母能通过编辑胎儿的相关基因来增强体力、魅力、智力等，如果人的好坏优劣已经由基因技术所决定，那么这个体的生命历程是否在出生时就已身处"楚门的世界"，而人类作为一个同一

里卡多·波菲尔（Richardo Bofill，1939~2022年）
西班牙著名建筑师，他在世界上40个国家有超过1000个项目，其中最著名的瓦尔登7号、夏宫、红墙住宅等项目展现了他革命性的城市与建筑设计方法。

的族群是否面临优劣阶级乃至物种层级的分裂？基因增强看似是基于科学知识和个人意愿，并试图纠正自然生育可能出现的不平等，但当人的一切都被基因序列的编码所设定好，人也因此能够被简化成可识别的本质。或许生命远不只是"基因"这么简单，生命及其系统都远比单向度的基因遗传要多样与复杂。那么需要进一步思考的问题是基因编辑技术的边界在哪里？基因到底在哪些维度上决定了生命的广度与深度？

人的智力优化一定会让人做出更好更对的决定吗？还是在提升智力的同时也造就了新的愚蠢？本需通过勤学苦练才能够掌握的知识，在信息系统覆盖下的接收端口就可以轻易获得。这种因为科技而自弃的人类自身的知识库存应该如何弥补？被增强的到底是人类的智力还是算法的智力？人类或许需要一种全新的标尺来衡量智力。人工智能技术已经可以编造完全无法证伪的记录，使人类在过去 150 年里使用的调查工具不再适用。真相已经渐渐由搜索排名靠前的结果来定义，人工智能的换脸术更能让眼见为实都被颠覆。智力增强的人又要怎么面对一个被算法支配的、被虚假环绕的时代？

人的魅力提升一定会得到他人的认可和欣赏吗？还是导致审美经验的趋同和贫乏？对相貌的重塑延续着"形象就是商品"的消费逻辑和追求快感满足的消费文化。沉迷于对魅力提升所可能带来的美好生活的虚假需求和空想的幸福主义中。对魅力的渴望脱离不了消费社会下各类媒体的视觉引导，这种增强或许会导致个体的日渐趋同。新人是否会变得越来越像，人与人之间都装配着标准化的器官配件。由此，身体逐渐沦落为任意变化的试验场，而不再是需要呵护的生存基础。这种魅力提升所带来的究竟是快乐，还是快乐的鸦片？此外，魅力的提升包装可以掩饰人类的恶意和虚伪，在魅力的面具下，人与人之间还能否进行真诚的交往？

人的感知力提升一定会提升人的敏锐程度和反应能力吗？还是会导致某些原本自然能力的丧失和对隐私的侵犯？无论是视觉还是听觉对信息的追踪，都将其他人暴露在无知觉的监听和监视之中。脑机结合同时也可能撬开控制他人思想的防护栏。在越享受技术的同时，也需要交出越多的隐私和自主权。当增强的眼睛和耳朵能够记录每分每秒的所见所闻，这些通过数字技术的超记忆力对细枝末节的存档，对于本来就不善于忘怀的人类，或将带来的更多的计较和仇恨。人类仅仅追求和塑造敏锐的感知力，反而容易忽略对冗余、负面、繁杂、干扰信息的钝感力。感知增强需要基于对身体原有的、连续的知觉进行分离化和单位化的处理，以便成为让各种技术装置加以处理的对象。愈加增强的感官反而会弱化自然的感官功能，在不间断的感知刺激中使身体失去了自我定位的能力。[21]

人的寿命延长一定会消除人的烦恼和苦厄吗？还是延续着人在这个世界上的苦楚？终有一死的命运是人类文化的基石，看似美妙的永生的确增加了在世的时间，而这增长的时间是否一定是有意义的，还是陷入数据持续监控下亚健康状态所带来的更深的虚无之中？延年益寿是否能够轻易通过金钱得到？还是应该遵循自然之道并坚持对内在的长期修行？从物种的角度来说，衰老和死亡必不可少。死亡是自然事实，也是生命象征，摒弃死亡的世界也意味着摒弃生命。改善一个活的生物的衰老或死亡，会有引发生态圈的不平衡甚至极端灾祸的重大风险。[22] 寿命延长所带来的人口结构变化加剧着地球资源的荷载。地球上的人口总数到 2050 年会达到 92 亿，这仅仅是人口的自然增长的预测，延缓衰老的技术将给本来就承载着巨大人口压力的地球更多的负担，给地球资源、食物和能源供应带来巨大的压力。这或将逼迫人类逃离人口稠密、污染严重的地球，促使星际移民的成行。

新人与自然人的身份认同

技术对人的增强除了在个体层面的风险之外，必然附带有社会层面的风险。人类的增强不是绝对同步的，增强下的生存方式也存在着新旧混杂。技术或许难以用于增强"人"这个物种，而只是某些有资源的个人。由于其非同步和非均质的特点很可能将出现不平等的分化。人类作为一个整体的想象可能将逐渐瓦解，处于不同技术阶段的人将面对完全不一样的生存挑战。

不是所有人都能拥有资源和金钱、优先享受到通往新人状态的增强技术。即便增强技术能够以合理的价格在政府的补贴下，如义务教育和医疗保障般向社会普及，它的有效实施仍依赖着政府的分配和监管。由此，自我增强可能仅仅是生活在发达地区民众的特权，而不是在生存边缘线上挣扎着的大多数弱势群体的议题。这些与增强绝缘的民众或许是因为结构性的贫困而无法享受技术红利，或是因为信仰与文化对科技始终持保守意见，最后成为这一切被动的见证者甚至是受害者。

尽管技术革命在不断推进人类生产力，但发展的增量限制以及当下对地球资源的利用水平无法使地球上所有人都过上舒适的生活。残酷的存量博弈是国家与国家之间的零和博弈。如今的世界中仍然有许多社会落入中等收入陷阱甚至因战乱返贫，无法发展高技能产业，缺少资源打造良好的教育体系，没能教授劳动新技能的社会，没能跟上人工智能新世界的需求。

生活在地球上的人类，一部分将是拥有长寿的生命、优异的智力、强壮的体力、迷人的魅力和特异感知力的"新人"，而另一部分则是维持原状的"自然人"。作为肉体凡胎的、需要面对生老病死的"自然人"与"新人"相比，就真正变成了一种低端生物。穷人和富人就被固化为不同的身体、不同的生命长度、不同的智能状态。贫富之间的能力差异几乎不再可能拉近，穷人面临的将是被产消淘汰、被茧体排挤、被游戏击败。

技术的发展并非会使每个人的发展机会越来越多，反而可能越来越少，这将会是一个全球的结构性的问题。当经济上的不平等被固化为生物上"新人"与"自然人"之间的分化，再加上原有的不同宗教、民族之间的疏远，平等的观念可能被一种固化的鄙视链所替代。由此，人与人之间不单纯是贫富差距和国籍民族的差别，也许会分裂为不同种的生物体，失去了定义人的统一的基准线。

低等人种的概念所带来的种族歧视是危险的。社会学家齐格曼·鲍曼在《现代性与大屠杀》中分析了"二战"期间纳粹对犹太人的大屠杀。那不是疯狂状态下的举动，而是在低等人种的构想和理性的统治之下，参与者在工具理性的麻木与自私中发生残忍的集体事件。在大屠杀之外，低等人种的臆断也让奴役制度在人类文明中正大光明地存在了千年。

这种无法跨越的差别和不公将会是造成社会的动荡的起因。如果人性不变，当绝对的强者出现，社会关系将恶化为强权即真理的丛林状态。如果新人和自然人群体之间难以弥合的对立和矛盾爆发，人类将步入不可想象的混乱和恐怖生存局面。

当人被分化成互相难以识别的群体甚至不同的物种，不再是统一的共同体，不同的群体在对方的眼中被视作客体化的异类，

齐格曼·鲍曼（Zygmunt Bauman，1925~2017 年）
生于波兰，曾任华沙大学社会系教授，1968 年离开波兰，1969~1971 年在以色列特拉维夫和海法大学任教，后前往英国，任利兹大学终身教授，是研究现代性和后现代性问题不可绕过的一个学者。

《现代性与大屠杀》（Modernity and the Holocaust）
鲍曼认为大屠杀不只是犹太人历史上的一个悲惨事件，也并非德意志民族的一次反常行为，而是现代性本身的固有可能。正是现代性的本质要素，使得大屠杀这样的惨剧成为设计者、执行者和受害者密切合作的社会集体行动。从极端的理性走向极端的不理性，从高度的文明走向高度的野蛮，看似悖谬，实则有着逻辑的必然。

工具理性（Instrumental Rationality）
德国社会学家马克斯·韦伯（Max Weber）将理性分为两种，即价值理性和工具理性。工具理性是指行动只由追求功利的动机所驱使，行动借助理性达到自己需要的预期目的，行动者纯粹从效果最大化的角度考虑，而漠视人的情感和精神价值。工具理性是通过精确计算功利的方法最有效达至目的的理性，是一种以工具崇拜和技术主义为生存目标的价值观。

增强新人被自然人视为失去了生物身体的异类，自然人被新人视为能力低下的异类。人类在这种状况下会失去互相把对方识别为同类的能力。人之间的同情心和同理心也或许会因为双方共同的物种基础的分裂而消失。如此的进程不仅仅是技术对个人的异化，也是社会层面人类交往的异化。

这种悲观的设想接近英国作家阿道司·赫胥黎的《美丽新世界》中所构想的社会。人自受精开始就被改造并割裂成高等的"阿尔法"人、中等的"贝塔"人和低等的"伽马"人。这三种人并不共享"人类"这个概念，"伽马"对于"阿尔法"来说就是标准化的人形机器。然而，通过一系列技术的手段，不同类的人都毫无反抗地接受，并顺应着僵化的等级结构。[23]赫胥黎曾警示道："我们将毁于我们热爱的东西，而我们热爱的东西就是科学与技术。"

离《美丽新世界》的首次出版已经90余年了，如今的人类似乎正在触及着其中所描绘的技术水平，而技术的发展能否及时超越存量博弈的限制从而创造出真正美好的未来，又或是终究陷入赫胥黎基于对人类的深刻洞察而言中的"美丽"世界呢？

奇点下的超级人工智能

除了人类自身群体内部出现的分化，在自然物与人造物越加融合的趋势下，人类同时也面临着人工智能发展成为一种无法驾驭的"超级人工智能"的风险。

许多未来学家和科学家都预测21世纪的中叶会是一个颠覆的时间点。无论是库兹韦尔所预测的2045年的奇点时刻[24]，或是许多人工智能专家所预测的2055超级人工智能时代，都预想人类社会在几十年内会进入一种新的生存状态。奇点所预示的是人类将面临基于理论上可行的超级人工智能驱动下的未来。这种超级人工智能可以在高科技之间形成联系和闭环，进而对生产与制造行业带来颠覆性的影响，建造比自己更加强大的机器。奇点无论是否真正出现、何时出现，只要有出现的可能性，其颠覆性的影响都值得从务实的角度去认真关注。

人工智能如何发展出自我意识并成为超级人工智能？在技术层面，科学家还有着不同的设想和辩论。人类习惯于把人工智能拟人化来预测其发展的速度，但其智力的指数级的跨越无法与人类智力的缓慢增长所比拟。若沿着奇点的逻辑推断，一旦突破临界的奇点，具有不断自我发明能力的超级人工智能就能够自主创造出更无法预测的主体。因此，在第一个超级人工智能与不受人类控制的"机器物种"之间，可能只隔着短暂的时间差距。超级人工智能也因此被认为是人类的最后一种发明，它的诞生将会是未来变化的最大推动力，人类的智力将被其远抛于身后，人类所暂时无法推进的科技创新也极有可能被其推动。

当下人工智能似乎是一种令人兴奋的全能帮手，是一种基于控制论下响应机器的代表。无论是 AlphaGo Zero、自动驾驶或是多功能人工智能机器人等都没有被视为威胁，它们只是能力高于人的工具和新劳动力，也是人工智能的价值所在。就算有威胁，那也只是对全球劳动力结构的改变。

这种人工智能与人相比仍然是"愚笨"的，仅仅知道对和错、不知道好与坏的人工智能并没有产生自主意识，能够判断好与坏能力的人工智能才是更加危险的状态。这意味着人工智能具有了类似人类的情感和欲望，可以理解意义、产生道德判断、能向人类说不，而这些才是产生矛盾和冲突的危险根源。

超级人工智能作为另一种主体，意味着产生独立于人的观察视角、独立于人的价值观判断。那样的世界将不受一种主体控制，多元主体所产生的不确定性是目前人类难以理解和预测的，人与超级人工智能之间的思维方式能否互相理解也是巨大的疑问。且不谈人类增强的智慧能否与之抗衡或者能否对其控制，人类行动和欲望也都会因为这种超级智力的存在而发生根本的改变。由此，人类作为单一主体的历史会告一段落，未知的、全新的过程将要开始。因此，奇点可以看作是从技术升级转向存在升级的临界点。[25]

这也意味着奇点之后，我们无法预料以超级人工智能的立场，建筑是否仍然是为人与环境的中介，或者建筑将是人工智能与环境的中介，又或是人与人工智能的中介。当不以人和环境为出发点来思考建筑，宏观尺度的系统和微观尺度的端口又会以怎样的方式呈现？

面对未来人工智能所产生的风险，人们通常的想象是由于机器人厌恶人类的统治而对人类展开反击。牛津大学教授尼克·波斯特洛姆（Nick Bostrom）则认为超级人工智能所带来的危险并不是出于其反抗人类的恶意动机，而恰恰是其对人类处境的完全忽视。比如超级智能可能在接收到某种有漏洞的指令后把人类视作原始材料，并加以利用。又或者是因为人类的存在对他们达到某种目的形成障碍，因而需要扫除障碍[26]。毕竟，在过去几千年的时间里，大量的生物因为人类的影响而走向灭绝，但其实人类对它们并没有灭绝它们的企图。

我们担忧超级人工智能终究是人类以结果为导向的工具理性超越价值理性的体现。无法驾驭的超级人工智能新主体不仅意味着未来的技术发展将突破人类主体设定的边界，也意味着超过奇点之后的状况是当下的思维和观念所难以预料的。虽然超级人工智能给人类社会带来深刻的威胁，但当前对人工智能关注更多的是国家与国家之间的竞备，而不是共同的稳步制约。超越国家界限在世界范围的协同干预是否有可能？人类能否在命运共同体的框架下化解这些技术带来的危机？人类的未来将是乐观的技术增强，还是悲观的技术垄断？这需要我们对未来视域展开反思。

5

未来视域的反思

5.1 未来的路径

巨变或是微调

对未来场景的构想很大程度上是一种对未来技术走向的判断。时至今日，我们一方面常常欣然接纳技术便利带来的现状，另一方面又始终不忘警惕未来技术野望可能招致的隐忧。这些看待技术的不同态度便容易形成面对未知前景时迥异的判断和立场。那么基于本书所关注的"增强新人"与"人造地球"的预期，我们又将如何判断并实现一个可期的未来？

过去我们对未来的构想常常基于三种出发点：第一种乌托邦的视角构想出乐观积极的图景，认为技术将带领人类走向完美和完善，未来身心更加健全的人类和环境更加可控的自然预示着充满希望的场景。在信息和能源高效利用的同时，又能通过技术促进人与人、人与自然的和谐共存。

第二种反乌托邦的视角则描绘出悲观恐惧的景象，技术垄断下无法自控的贪婪和欲望下铺陈着无法挽救的危机和恐惧。无论是增强新人与自然人之间难以调和的冲突，还是超级人工智能对

乌托邦（Utopia）
现代意义上的乌托邦源于英国空想社会主义学者托马斯·莫尔（Thomas More）1516 年的游记类型的小说《乌托邦》，是指"一个空想的、与现实相对立的但并非绝对不可通达的完美世界"，是人类对一种理想社会的期望和一个完美社会形态的虚拟。

反乌托邦（Dystopia）
一种令人恐惧的假想社会，与理想社会相反，是一种极端恶劣的社会最终形态。反乌托邦常常表征为反人类、极权政府、生态灾难或其他社会性的灾难性衰败。

人类的挑战，都是技术霸权对人类的不断异化，最终人类在一种技术危机中自食其果。

第三种进托邦（Protopia）的视角则认为未来会是当下波澜不惊的延续，认为未来与未知交织着希望与恐惧。人体和环境的演化都是缓慢而可控的，技术的发展将无疑带来问题，但这些问题也能够通过技术的发展逐步解决以避免未来的冲击。在这三种视角中，乌托邦与反乌托邦认为未来意味着巨变，而进托邦则认为未来是当下的渐进。

乌托邦与反乌托邦看似是两种相反的视角，实际上却是紧密相连的同一个硬币的两面。当不完美的人类社会试图达到一种想象中的完美状态是非常容易失败的。乌托邦的完美构想，常常是基于自上而下的。对社会复杂结构的简单化和扁平化处理。无数失败的乌托邦案例都体现出完美的空想与实现过程中的矛盾，一旦实现就是对自身的否定。许多试图创造乌托邦的运动最终都以清除异议者而成为压迫的统治、强制的经济制度等反乌托邦的案例。

相比于乌托邦和反乌托邦构想中结论清晰的宏大景象，进托邦是一种承认缺陷、承认问题的循序渐进，以动态的改善取代终极的完美。[1]它是一种明天比今天好的状态，难以通过景象来描绘，难以做出长远的、准确的预测。相比于乌托邦整体化的、排他性的自上而下的构想，进托邦是碎片化的、包容性的、自下而上的推动，成为解决问题的拼贴操作。[2]进托邦的思考摆脱了乌托邦和反乌托邦的极端。它包含着一种非激进的进步主义，用持续的积极乐观来维持对未来的憧憬。进托邦所体现的时间观是一种"永恒的现在"。在它的视角中，未来没有巨大的颠覆，也没有宏大的发展方向，却也容易因此失去深度。

但在我们看来，对未来理想的宏大愿景、对未知灾难的戒慎恐惧，以及对现实问题的勤恳务实，看似迥异的立场何尝不是共同拼凑出一幅完整的人类简史，在各种尖锐的矛盾思想中汲取智慧而不是在某种概念的陷阱中画地为牢。在这三种看似摇摆的视角之下，实则是非理想无以号集群力、非恐惧无以谦恭谨慎、非求是无以集腋成裘。因此我们面对未来的行动指南，不应建立在任何一种片面化、碎片化、极端化的技术观、未来观之上。

行动的指南

无论是乌托邦、反乌托邦或是进托邦，这些对未来的构想都影响着当下的行动和技术发展的进程，是驱动、刺激或是抵触技术进步的力量，也成为建筑实践的基础。

乌托邦式的想象在建筑学中曾是一股影响巨大的推动力。人类对未来美好社会的希冀都曾寄托在物化的建筑环境当中，使建筑学成为"行为派乌托邦"的主要旗手。现代主义建筑师或多或少都带有乌托邦的理想，他们把建筑设计和城市规划作为应对城市和社会问题的专业工具。特别是在"二战"后百废俱兴的年代，社会中弥漫着对未来的积极畅想。当时建筑的主流思考都希望摆脱过去的束缚，建筑师也像科幻作者或是未来学家一样大胆积极地讨论着未来，乌托邦也因此成为那个年代建筑和规划的主旋律。"巨构"和"舱体"的构思也正体现出那个年代乌托邦畅想的特征。像柯布西耶的光辉城市（图 5-1）、赖特的广亩城市（图 5-2）等设想，都是建筑乌托邦的愿景的表达。而前文中所提到的 Sidewalk Labs 项目也带着技术乌托邦的特征，它的终止，也体现出人们对数字化乌托邦式的警惕和抗拒。

光辉城市（Radiant City）
柯布西耶在 20 世纪 30 年代提出，设想在城市中建高层建筑、交通网和大片的绿地，为人类创造出充满阳光的现代化生活环境。

广亩城市（Broadacre City）
由赖特在 20 世纪 30 年代提出的城市规划思想。他认为随着汽车和电力工业的发展，没有必要把一切活动集中于城市；分散将成为未来城市规划的原则。广亩城市实质上是对城市的否定，认为大都市将死亡，美国人将走向乡村，建立一种新的、半农田式的社团。

图 5-1　柯布西耶的光辉城市（局部）

图 5-2　赖特的广亩城市（局部）

时至今日，各种建筑乌托邦构想的未来预期，产生了一种对具有颠覆性未来想象的排斥与否定。当下建筑学中普遍的氛围无疑已从现代主义时期乌托邦式的先锋，转变成为进托邦式的安稳，试图对 20 世纪乌托邦与反乌托邦视角进行修正。

英国建筑历史学家查尔斯·詹克斯（Charles Jencks）曾绘制过几版想象未来建筑"进化"的图谱。在 1971 年出版的图谱中（图 5-3），未来的部分被"控制论""巨构""太空殖民地""波普""先锋派"等概念占据，充斥着技术乌托邦的豪情壮志。而在 2000 年那一版

查尔斯·詹克斯（Charles Jencks，1939~2019 年）
美国艺术理论家、作家和园林设计师。在 20 世纪 70 年代最先提出和阐释了后现代建筑的概念，并且将这一理论扩展到了整个艺术界，引领了后现代建筑的思辨。

中（图 5-4），上述的许多概念从未来的角落消失了，取而代之的
是"高技派""生物形态""解构主义"等。[3] 曾经对未来科技的
大胆构思和狂热梦想被精致的、流于表象的建筑形式所取代。

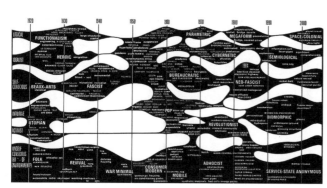

图 5-3　詹克斯图谱 1971 版（局部）

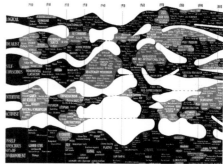

图 5-4　詹克斯图谱 2000 版（局部）

　　当下许多看似面向未来、充满着积极态度的建筑，实际上仅
仅是受进托邦思潮影响下对问题的短期解决方案。快速城市化进
程不断暴露出各种人居环境的问题，当下许多建筑都是试图缓解
如环境可持续性和社区发展等问题。这些问题不一定是宏大的，
而是偏向日常生活的，是局部的，是对历史遗留问题的完善和修补，
致力于给大众一个美好明天的进步式展现。因此，进托邦对技术
化解问题的信念，也常被称为"解决方案主义"。解决方案主义
是当下许多建筑产生的逻辑。在这种思路中，几乎所有人类面临
的问题都可以简化为利用技术解决的问题。

　　然而，建筑是否应该仅仅顺应解决问题主义的技术化浪潮？美
国建筑师马克·福斯特·盖奇提出："建筑学放弃了其制造独特且
不可一世的事物的野心，转而以一名中层管理人员的身份，对一些
被过度简化的问题作出应答。对于一门有着乌托邦式，甚至是反乌

**马克·福斯特·盖奇（Mark
Foster Gage, 1973~）**
美国建筑师、理论家，耶鲁大学
教授，他在建筑理论方面的研究
关注建筑的美学哲学。

托邦式的雄心壮志的历史的学科来说，建筑学深陷关系性的问题—解决的过程，这一现状令人感到非常痛苦。"[4]

不追求颠覆变化的进托邦或许是一种思想疲惫的说辞，仿佛"未来"是一种过时的思考，人类生活在一个只需照顾好眼前的"后未来"时代。未来的视角在进托邦态度中也变得如近视一般模糊。

解决方案主义和进托邦关注的是当下的问题，如果仅仅为解决问题而解决问题，问题可能会越来越多，因为人类解决问题的能力似乎比不上制造问题的能力。超级人工智能和基因技术将会是问题的放大器和加速器。当下人类社会将面临的不再是 20 世纪那种零散于各个领域的技术发展，而是在超级人工智能发展的统筹之下的行业连通所带来的巨大的，具有颠覆性的连锁改变。奇点时代的逼近也意味着将动摇当下社会中固有的理解，产生新的激进的问题。

因此，在当下信息生物技术和人工智能的高速发展下，对未来的高度关注再一次变得必要和紧迫。当下建筑学所面对的，可能与柯布西耶所面对的第一机器时代相似，科技所引领的快速变化已经让按部就班的建筑构思和构造越显得跟不上时代的节奏。我们一边面对着颠覆前需要即刻做出改变的紧迫感，一面又在当需要采取改变时显得踟蹰不前。当下的建筑业界面对未来是胆怯和退缩的，最多只敢探讨眼前的近未来，思考一种逐渐变好的建筑。自缚手脚的想象在技术迅猛发展中会显得越加苍白无力。

指数级发展的技术让人类的未来注定充满着不确定性。面对未来增强新人和超级人工智能所可能拥有的不同心智和身体，面对未来越加不确定的人居环境，当下的人类更难以预测这些完全不同的主体将如何引领未来地球发展的轨迹和方向。在这种处境中，建筑学面向未来视角则更需要结合乌托邦视角的大胆畅想、反乌托邦视角的反思警示，以及进托邦视角所关注的细微过程。我们需要警惕用曾经未来设想的不及预期来安慰和麻痹当下技术对未来可能带来的影响。我们需要不断地反问：如果技术不仅解决问题，更制造出问题；如果技术不仅是对社会的循序渐进，更是颠覆性的改变，未来会是怎样的情景？

5.2 面对未来的本原策略

本原设计的延续

技术的发展是贯穿整本书的脉络，"增强新人"和"人造地球"便是基于技术发展的趋势，以建筑作为人与环境之间中介为基础进行发散，聚焦于中介两侧的内在个体和外在环境。"增强新人"强调站在提前的关口，来关注如何应对人体增强所带来的技术异化；"人造地球"强调站在更高的维度，来思考如何突破地球物质环境的局限和压力。

值得反思的是，我们要怎样避免这种思考与推断又陷入如乌托邦、反乌托邦或进托邦这些片面单一的未来视角的迷途？我们要怎样以更为中肯的方式从建筑学的角度出发来理解和思辨技术？

我们认为"本原设计"中的"健康、高效、人文"三要素，为我们提供了观察和思考技术的切入点。"本原设计"提倡以"全方位人文关怀"为核心理念，实现"建筑服务于人"的理想。参照古罗马时期维特鲁威提出的"坚固、实用、美观"三大原则，本原设计倡导"健康、高效、人文"三大要素为基石，延续维特鲁威以"人"为基点的人本思想。[5]

"增强新人"和"人造地球"对未来人类和环境的变化的思

考事实上正体现了"本原设计"的要素。"健康"所对应的是建筑医学化的思考，不仅仅是对当下人体的关照，更是思考"增强新人"所带来的需求变化；"高效"对应的是建筑信息化的思考，不仅仅是对当下建造技术的提升，更是思考"人造地球"中形成的协同互通；而"人文"则是面对技术至上和技术垄断的平衡和反思，是建筑体现出其自省性和批判性的途径。也就是说，"健康"和"高效"强调了对技术的高度关注和思考，而"人文"则突出了对技术的批判性的反思。

建筑师从现代主义时期满怀着构建乌托邦的希望，逐渐转变为当下退居于进托邦式的解决方案，其背后的原因正是在生物技术和信息技术的发展下，对社会治理的方式已经摒弃了通过建筑师和规划师空间化的手段，转向为医学化和信息化的策略。建筑师在褪去构建乌托邦热情的同时，也放弃了承担新社会主导力量的责任。这种主导力量在技术的革新中已经转移到了计算机科学家、神经科学家和生物学家身上。医学技术的发展把人类身体和心理的不完美转变为需要通过技术修正的"病症"，信息技术的突破把社会沟通的含糊暧昧转化为需要通过技术协调的"缺陷"。这两种干预已经开始代替曾经空间式的操作，建立起新的习俗和道德规范。

值得注意的是，无论是医学的健康或是信息的高效，这些议题也都应该是建筑学需要关注与探讨的问题。曾经建筑乌托邦的失败和新兴技术日新月异的发展不应是建筑学妄自菲薄的理由，建筑学作为工程与艺术、技术与人文的交汇，在单方面的医学化健康和信息化高效之外，还具有更为重要和关键的人文反思。这些都是建筑学应该发掘和利用的优势和财富。

对未来的思考不仅只是通过科学家们的技术路径去寻求答案，

更关键的在于提出恰当的问题。通过这些对未来所可能面临问题的思考来反观和反思当下所能采取的行动，这即是一种建筑师需要秉持的"站在未来，思考现在"的思维方式。

增强的健康

对"健康"的关注实际上也是现代主义建筑发展背后的潜在推动力，希望通过科学理性的空间干预来增进人体的健康。特别在曾经非常致命的肺结核的威胁下，现代建筑明亮通风的设计从健康的角度变得非常有说服力。去除繁杂装饰、抵抗脏污和细菌的洁白光滑墙体也成为一种卫生模式的表达。现代建筑的简洁象征着一种干练的、健康的身体形象。因此，现代建筑空间实际上暗示着一种健康的生存理想，建筑师也如医生一般，利用空间来辅助、训规和重建身体，并通过围合提供一种预防类的装置，成为人体自身免疫系统之外的另一层防疫。[6]

前文中所提到的许多舱体式的赛博格建筑，实际上也是基于对人体健康的关照。从健康的视角来看待建筑，建筑理论家安东尼·维勒总结道：第一机器时代的建筑是居住的机器，而第二机器时代的建筑是延展的义肢和预防药物。[7] 第一机器时代的认知中，人体是封闭的，建筑师通过建筑空间来实现行为的控制和身体的康疗；第二机器时代的认知中，我们意识到人体的开放性和不完美，可通过"义肢"一般的建筑装置来进行身体的辅助和增强。

除了主流现代建筑中对身体性健康的追求，奥地利裔的建筑理论家弗雷德里克·基斯勒在 20 世纪 30 年代所提出的关联主义（Correalism）是一种更为全面的、对身心健康的综合思考。

安东尼·维勒（Anthony Vidler, 1941~）
当代著名的建筑历史学家、评论家，库珀联盟建筑学教授，曾执教于欧美多所大学。

弗雷德里克·基斯勒（Frederick Kiesler, 1890~1965 年）
美国奥地利裔建筑师、雕塑家，提出关联主义的建筑理论。一直未被实现的无尽宅，是他毕生探索关联主义的概念作品。

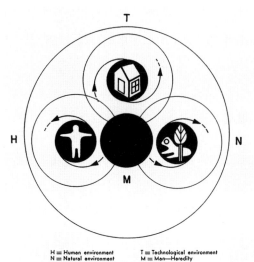

H = Human environment   T = Technological environment
N = Natural environment   M = Man—Heredity

Fig. I. Man = heredity + environment. This diagram expresses both the continual action of the total environment on man and the continual interaction of its constituent parts on one another.

图 5-5　基斯勒的关联主义

基斯勒将人体、自然环境和技术环境综合为一个连续的、可调节的、延续互动的整体，强调关注人与建筑环境和自然环境的复杂而特殊的关联（图 5-5）。他理想中的建筑应该具有给人补给精神能量的功能，不仅仅是身体的避难所，亦应为精神的发电机。基斯勒关注人的内心世界和精神活动，他强调建筑对人内向精神性的恢复，而非关注表皮。他曾相信的 20 世纪的人将生活在多媒体之中，居住者将被投影的幻象包围。他认为未来建筑不会用美学的流行样式等来评价，而是根据其维护并提升人的精神状态来进行评价。建筑将成为身体和心理的恢复场所，呵护并赋予人以能量。[8]

　　无论是身体或是心理的健康，新人全方位增强的身体则提供了重新思考和定义健康的契机。"健康"或许将不再由像运动健将一般的自然躯体所定义，在自然物与人造物融合、微小化的合成生物不断成为人体构成的前景中，与这些增强技术的完美融合协调或许会成为"健康"的体现。

2016 年在瑞士苏黎世举办了第一届赛博格运动会，参与者都是通过机械辅助康复的残疾人。比赛并不是关于自然健康人体的力量和速度，而是关于身体与装置操控互动的和谐度 [9]。赛博格运动会提供了重新思考"健康"定义的契机，"健康"意味着人与增强技术、生物与机器所达成的协同共生。"不健康"则意味着人与技术的不兼容以及技术对人的压制和异化。比如，循环在人体中的纳米机器人如果无法断开网络，与外界环境不断交流的增强感知如果产生过多过量的刺激和噪声，这些运行故障就可能都是非健康状态的体现。

在未来增强新人端口的设想中，建筑设计也将需要紧密地围绕着人体，需要充分考虑对身体的干预和增强。[10] 建筑可以通过端口的概念来思考人如何满足信息的接收和处理、能量的获取和传输、物质的形成和移动。或许正如基斯勒所言，人体与技术环境、自然环境的契合度或将成为"健康"的新指标。建筑师不仅应该思考如何设计空间的围合，更应该关注被增强的身体将如何生存在这个瞬息万变的环境中，关注如何对茧体化生存中沉迷于信息维度的人供应现实世界的日光和空气，关注如何在游戏化生存中向沉溺于输赢竞争的人提供平和的乐趣和心理的慰藉。

升维的高效

"高效"不再仅仅是单体建筑关于构造、节能、运营等各个零散方面的效率提升，也不再仅仅是单个建筑项目效率的提升，

赛博格运动会（Cybathlon）
第一届于 2016 年在瑞士举办，由苏黎世联邦理工学院组织并承办。它不仅是运动会，更是一场科技的竞赛，展示了外骨骼行走、机械臂控制、脑机接口等 6 个项目。

而是城市与自然作为一个地球环境整体的效率提升。未来的建筑不应仅仅理解为新型材料的结构炫技、人机合一的算法系统或虚拟数据的操控界面，它还需要回应更根本的问题：未来地球环境和人类可能发生的重大改变中，会需要怎样的高效建筑来作为两者之间的连接中介？

建筑单体中，机器和生物的范式都曾是人类试图寻找高效组织方法的类比灵感。无论是前文中提到的富勒试图让建筑机器化的戴梅森住宅，或是黑川纪章试图体现生物新陈代谢的中银胶囊大厦，都试图以高效的方式利用资源、组织场地。但这些人类的通过观察周围物质类型、通过逻辑推理所得出的"高效"方案，在超级人工的大数据驱动面前是否会沦为一种局部而有限的低效方案？

毕竟，人数据算法能够提供比人类更加全面的逻辑思考。超级人工智能可以用最全面权威的数据从经济投资、使用效率、行为偏好等各个方面来优化项目的高效性。在人造地球的环境中，与场地气候、人流物流的复杂关系都能从算法中得出。人工智能看待建筑的视角将与人类有着根本的不同。它不会再依赖人类的感知和人类视角中关于和谐、比例等建筑准则，而是在信息流中，关注建筑在能量层面的精准锚定，在信息层面的对焦校正。

安东尼·维勒曾提出，自后现代主义开始的、对建筑自身形式的关注是一种新的建筑学范式，是在以技术为原型和以自然为原型之上的第三种范式。[11] 人工智能的他者性能或许会将这种范式进一步发扬光大，超越人类自身对未来的想象力，其创造潜力会不断产出新型的、人类没有见过的、具有陌生感的、专属于人工智能的建筑形态，甚至发展出适应机器运行的建筑形态。人工智能不受限于人类对自然和技术之间的情感思索，不再提及企图改造社会的进步理想，不再回应建筑所需要负担的伦理责任。由此可以突破人类所陷入的技术与自然的二分，在满足高效追求的同时，也助长对建筑的本体探索。

人工智能高效运行所依赖的，正是人造地球中在物质维度之上的信息和能量系统。信息传输速率的不断提升、能量传输途径的越加精准能够使物质、信息和能量在更宏观的视角下，在人与人、人与物之间更加便捷地沟通与转换。未来的建筑或许能够在建构轻量化、联网去中心化和传输即时化后变得更加集约和高效。

此外，信息和能量系统所提供的高效的"最优解"不应该局限于对单体建筑的方案，而应是对人和对环境的一种综合的长远的优化。它不仅存在于建筑的生产端，更存在于建筑的使用端。在高速的城市化进程中，我们已经在并不完美的前设条件基础上，建设了一些对城市、对环境有害无益的建筑。因此，大数据如果能够基于对人和环境的理解得出一种"最优解"，它甚至有可能是去建筑或反建筑的。因此，高效不仅意味着对还未城市化的环境场域进行优化性开发，也意味着对存量的、已有的结构和系统的智能性提升。在大数据的指引下，或许功能类空间的使用需求可以通过更高效的引流和共享来完成，增量的建造需求可以通过对存量环境更精准的匹配和利用来实现。毕竟，在虚拟叠合现实的趋势之下，当数字世界越加能赋予物理空间不同的功能叠加，更多的增量建造或许会发生在比特的世界，而不是原子的世界。

因此，高效需要架构并利用物质系统之上的信息与能量系统，以其升维的视角成为多维现实的组织手段，在人与环境中建立起新的中介方式。地球上的 73 亿人口对环境已经不堪重负，指数级的人口增长意味着在衣食住行各方面还将消耗大量的地球资源。

有限的地球资源迫使我们以高效的思维持续对人类赖以生存的环境和资源进行重新组织，以此减缓熵增的速度，避免人类未来前景中的混乱与不确定。

坚守的人文

"如何从理性的存在中得出价值的判断？"大卫·休谟面对勒内·笛卡尔（Rene Descartes）的理性主义和主体性思想时发出的这一诘问，在今天显得尤为目光独具。人类迄今为止的经验告诉我们，理性判断从未在价值领域发挥作用，当我们在运用理性解决问题之前首先是价值判断为我们指明了方向。

尽管"健康"和"高效"的设想为建筑师提供了切入未来的视角，但现实中尖端技术与建筑学之间越加明显的差距则时刻提醒着建筑师，未来可能面临的困境来自对价值的判断。锋利刀刃必须配合以坚韧的刀鞘，当工具理性在征服自然的路途中所向披靡的时候，就愈发需要价值理性的缰绳加以判断、引导与规劝。

未来，如果在信息和能量的全域覆盖中，人类可以通过端口去获得生存所需的供给，那么建筑这层围合是否已变得累赘？如果建筑师在微观和宏观尺度的"舱体"和"巨构"能够被无形的调控所替代，系统中信息和能量的高密度能够使建筑单薄化、扁平化，实体建筑是否还有存在的意义？如果人类已经不再需要实体建筑成为功能性的中介，而建筑又难以单凭本专业的方式架构起端口和系统的设计，这是否意味着现有建筑学的终结？

在技术浪潮中，建筑师需要清醒地意识到，建筑愈发不是一门单维度的解决问题的学科，不然将又陷入现代主义时期社会工程式解决问题的陷阱。现代主义最大的失误，在于建筑被当成纯粹的工

大卫·休谟（David Hume，1711~1776 年）
苏格兰哲学家、经济学家和历史学家。他被视为是苏格兰启蒙运动以及西方哲学历史中最重要的人物之一。

程产品或者解决社会问题的利刃，建筑师把自己定位为工程师、发明家或政治家。毕竟，如果是以解决人类生存问题，创造幸福生活为导向，建筑或许并不是技术前景中的最佳路径。

建筑作为人与环境的中介，是人类创造生存环境的努力，是人类文明发展的物化。建筑这种生存环境不应仅是工具理性下在技术维度上的功能性中介，更应是价值理性下在人文思辨中的意义创造。

"人文"的思考意味着超越工具理性，不再仅将人类和环境视为需要打磨和利用的工具。健康对身体的塑造、高效对环境的塑造都容易陷入技术至上的单向性思考中。工具理性最初是要将人类从自然力量中解放出来，借此来推动人类社会的进步。但工具理性过分相信并盲目迷恋技术，忽略了人的社会关系和精神价值，从而产生了人类与自然身体的分裂、与自然界的分裂及人群之间的分裂，这正是工具理性下人定胜天所导致技术异化的体现。

实际上，"增强新人"和"人造地球"的推断都是基于工具理性的强势主导。如果加入价值理性的反思，或许自然环境不应被塑造为资源最高效利用的"人造地球"，而是能沉积情感、促发团结行动的"家园"。人的努力目标不应是身体被无限增强的"新人"，而是意志完善、德行完美的"完人"。各类乌托邦畅想的不及预期，或许正是因为在工具理性下放大了对环境和人的单向建构，缺乏了对创建丰富意义"家园"的思考，漠视了对鼓励成为"完人"的机制。

"增强新人"和"人造地球"中所体现的进步和增长事实上是一种延续现代思想和价值观的体现。开篇提到的人之为人的定义是"挣脱灵长类生物定义的局限"，这看似精辟合理的总结，实际上是经现代思想洗礼后的彰显，而并非普适的真理。

人文的思考需要反思现代思想和工具理性下线性进步的统领，需要跳出现代思想的惯性，通过多元辩证的角度反思这些进步所造成的得与失。沐浴在现代思想中的人获得了空前的自由，但也陷入了空前的意义迷失。无论是尼采笔下的"可怜的舒适""软绵绵的幸福"或是托克维尔告诫的"渺小而粗鄙的快乐"，这些对生活平庸化和狭义化的指控，体现出对现代文化处境的深刻共鸣。[12]

建筑自古以来便承载着定义人类关系，促进集体活动，孵化社会过程，寄寓生存理想的功能。对于人类生存意义在技术下的迷失，建筑则需要不断肩负起思辨、提炼、传达意义的重任。前文中所提到的建筑对生物和机器的隐喻，事实上都是在新技术和新处境中对生存意义的不断思辨，试图追随、汲取、表达甚至同化科技进步的思想成果，将不带任何情感的技术与人类的感情道德以某种方式联系在一起。[13] 这些对意义的思辨并不是如后现代主义建筑那种为意义而意义的牵强附会，而是发现人类情感中的共情，促进人类智识的反思。

当我们把建筑视作一种意义的中介、一种在人类技术生存的背景下关于意义的追求和表达，那么关于未来建筑形态的预判，则成了一个无法轻易下结论的问题。在"增强新人"和"人造地球"体现出的工程化生物和技术化自然的趋势之外，未来的建筑形态取决于那时的人们需要什么样的建成环境来赋予其生存的意义，和人之为人的暗示。

在技术颠覆所造成的迷茫与不安中，建筑的"人文"思考是面对工具理性下技术异化必需的韧性，唤醒人们对唯理主义和科学至上的思考和批判，成为坚守人类价值的基石，帮助并启发人类回答"我是谁""我从哪里来""要到哪里去"这些柏拉图式的哲学问题。在这种意义上，"人即建筑，建筑即人"不是功能

弗里德里希·威廉·尼采（Friedrich Wilhelm Nietzsche，1844~1900 年）

德国哲学家，他的著作对宗教、道德、现代文化、哲学及科学等领域都提出了广泛的批判和讨论。他的写作风格独特，经常使用格言和悖论的技巧。尼采对后代哲学的影响相当大，尤其是存在主义与后现代主义。

亚历西斯·德·托克维尔（Alexis de Tocqueville，1805~1859 年）

法国的政治思想家和历史学家，他最知名的著作是《论美国的民主》《旧制度与大革命》。在这两本书里，他探讨了西方社会中民主、平等与自由之间的关系，并检视平等观念的崛起在个人与社会之间产生的摩擦。

主义的断言，更是让建筑成为坚守人文思辨的底线。

科技在加速地改变着这个世界，这种变化的速率使得我们反思的时间窗口也在缩减。"如果技术是答案，那么问题是什么？"普莱斯的名言至今仍值得我们深思。

技术的确在不断为建筑学提供着各式各样关于未来人和环境的"答案"。但如果"问题"不是如何挣脱生物局限、成为增强"新人"，而是如何在瞬息万变的世界中成为专注从容的"完人"？如果"问题"不是如何将环境打造成高效利用的"人造地球"而是如何创建互助共情、凝聚团结的"家园"？我们需要怎样在技术难以阻挡的趋势中加入必要的关于价值，即关于意义的思考？

从建筑学的人文视角出发，下文将沿着三条路径对人的健全、对环境的完善进行循序渐进的思辨。这三条路径包括：维度上，实体与虚体的相互平衡；尺度上，个体与集体的来回校对；时间上，过去与未来的反复参考。这三条路径都体现出建筑学跨越空间、尺度和时间的独特视角，这三个方向的思辨也将作为全书内容的回顾与总结。

5.3 思辨的路径

实体与虚体的相互平衡

面对信息系统所架构起的虚拟维度对实体建筑功能性的侵蚀，建筑师需要清醒地认识到实体建筑的固有优势，思辨这两种维度如何平衡地叠加、连接，以实现对人和环境的丰容。

百年前，由于现代机械设备与结构技术的加持，现代建筑极

　　大地拓展了传统构筑方式的形式边界和功能理解,并由此建立起基于"空间"的思维范式。未来建筑,所关注的虚实维度的"连接"将又是一次关键性的升维。现阶段的数字孪生、智慧运维等诸多探索都已为我们描绘出这一新增维度所蕴含的巨大潜力。虚拟维度的本质是便捷的信息连接,实体建筑的价值仍将是现实的栖身之所,两者之间不应理解为一者是二者的附庸,而是全新的建筑体系场景。就如同机械设备不应看作建筑空间的附庸,设备的存在实质上参与、影响甚至决定了空间属性的生成。

　　面对虚拟与现实的叠合,建筑师既要警惕虚拟维度的过度活跃,又要抵抗现实维度的贫瘠化。

　　虚拟维度下的茧体式生存虽然提供了众多的便利,但或许也是导致异化的根源。当人类生活的方方面面不断被技术统领,人类或将不知不觉中被信息和能量环境所引导和支配,生存的现实世界越发被虚拟体验所叠合和侵蚀,所熟知的物质世界越加难以被定义和区分。阿基佐姆在无尽城市的想象中那种离散的、无目的漫游的孤立个体似乎是一种警示:当实体建筑消失时,剩下的也只将是离散的个体和为满足个体需求的供给。这是否也印证着马克思对资本主义发展的预判:"所有坚固的东西都将散于无形。"曾经现实中坚固的、持久的东西,都在信息系统的冲击下,让位给快捷的、廉价的、可被替换的商品和服务。

　　虚拟维度对现实建筑是有侵蚀性的。实体建筑容易陷入虚拟维度景观图像化的趋势,变得如虚拟世界一般的浅薄,建筑的意义也因此被置于危险之中。

　　当下,在效率至上的消费社会中、在越发同质的城市化进程中,建筑日益沦为两种极端,一种是麻木的标准化的超高层方盒子,另一种则是刺激感官的图像化的网红打卡点。如果未来的虚拟维度能够通过 AR 叠合在现实之中，那么实体建筑是否会被剥离精心构思的细节，简化为扁平的巨大的绿幕。这种对虚拟维度拓展的放纵将使现实世界贫瘠化。

而另一种危险则是因无节制地强调实体建筑在图像媒体中的传播，而使建筑在视觉主导的"景观社会"中被碾平为图像。[14]景观社会意味着不断地寻求刺激和追求刺激，而刺激本质上是对可承受阈值的冲撞，因此在不断的刺激中又会不断地麻木。图像化的时代是不尽的字节流动，这加剧了建筑形式的更迭，让吸引眼球的第一印象成为首要任务。由此，建筑成为猎奇的、让人印象深刻的奇观，成为景观社会中胜过现实的表象。

因此，首先，建筑需要极力避免陷入这种平庸世界的随波逐流。建筑所承载的意义不是为了创造一个赏心悦目的平滑世界，而是给予面对平庸与丑陋的思考与评判，鼓励大众参与反思和讨论，避免人类滑入感官和判断的麻木之中。建筑所承载的意义也不是为了形成简单化的对错判断，而是通过让人产生共情和共鸣来强调人文思想丰富的厚度，而不是技术单向度的扁平。

建筑需要时刻关注的是，无论人类如何变化、未来如何变化，是否有不变的情感力量需要建筑来承载。人类对营造家园所需要的情感力量或许是矛盾的，征服自然又眷恋自然，追求不朽又渴望新潮，寻找着陌生感的刺激却不经意被熟悉感的亲切所打动，寻找着清晰高效却又惊喜于出其不意的迂回叙事。最打动人的瞬间，或许就是坚韧中透露的柔软，是粗犷中蕴含的细腻，是平静下潜伏的波澜壮阔。

能够打动人类、形成共鸣的矛盾和微妙的，或许是机器永远无法识别的。无论风格、主义和时代精神如何转向，建筑都需要通过人文的反思找到能够慰藉人心灵的因素，而不是盲目地随着

景观社会（The Society of Spe-ctacle）

由法国作家、马克思主义理论家居伊·德波于 1967 年提出。他认为以视觉生活为主导的景观社会会妨碍人们认识这个世界，一切都像一部供人消遣的电视剧。社会的视觉娱乐化又会进一步阻止人们去严肃思考改进社会的任何可能，景观让真实世界和影像分离，人们总是注视着下一步会发生什么但从来不行动，所有人都成为观众。

技术发展被简化为图像性或是沉浸式的幻想。

此外，面对虚拟对现实的侵蚀，建筑师既要调节虚拟维度的连接，也要珍视现实维度的交往。

人类的生存是社会性的，实体建筑是社会关系的物化体现。无论是工作上生产和协作的框架，或是家庭中让心灵停泊的港湾，不同的建筑类型都是基于人群聚合的关系而产生。面对新人端口增强所产生的自给自足的信仰，以及新人状态下亲属关系和社会关系的颠覆，实体建筑是否还可以被用作一种家庭和社群的黏合剂？通过将人从虚拟世界的无限消遣中抽出，实体建筑突出了现实中不可避免的社会责任，如生老病死的照料、亲情友情的呵护。毕竟，如果我们抹去在公共生活中的角色担当，即作为子女、父母、夫妻、社会中一员的责任，残留下的或许仅仅是一个人形的空壳。因此，在人类越来越个体化、社交越来越虚拟化的趋势下，建筑提供了一种连接人、聚合人、产生社会关系的重要介质，为人之为人提供了最后的慰藉。

实体建筑不仅可以稳固人与人之间的关系，更可以创造出不同的人之间真实相遇的契机。实体建筑公共空间中的混杂、异质的交往在虚拟维度的冲击下更显得宝贵。虽然在虚拟世界中也能创造出相遇的机会，但这种被技术霸占的交流媒介也有着致命的缺陷。实体建筑所促成的相遇不是虚拟算法中安排好的事件，不受虚拟维度平台边界的限制，而是生命中偶然的事件。新冠疫情期间，隔离所产生的对线下生活的向往，进一步证明了人类需要在实体空间交往的必要。因此，实体建筑的意义在于创造虚拟世界无法取代的社会联系，存留多样化的社会经验。

最后，面对未来可能被技术所抛弃的大量结构性劣势人群，建筑师能否通过实体建筑对这些弱势群体进行关怀，创造一种善意的建筑？能否不仅仅是满足发达地区人类增强的需求，而应该尽力缩小这种世界的隔阂？因此，实体建筑在人类被分化的可能性前变得更为重要，它能提供现实交往和相遇的基础，能塑造人类的共同的愿景和凝聚力。这是对人类多元文化和不同信仰的尊敬，也是对奇点前时代人之为人意义的坚守。

现实与虚拟的叠合将拓展人类生活的载体。建筑是促成人与人之间社会性连接的力量，因此更需要平衡两种维度的交互，关注人类之间的真实连接和人类精神世界的富足，思考未来人的日常生存状态的建构。我们需要怎样建立社群促进交往？怎样避免茧体的异化？怎样在环境中引导人类的合作与沟通，在层层叠叠的连接之中梳理、干预、引导，以达到共同进步？这些关于人类如何应对虚实结合的生存，都是建筑学在未来需要不断反思的议题。

个体与集体的来回校对

面对端口和系统在个体和集体层面延展的技术触角，建筑师需要不断地反思其拓展的边界，思辨如何在这两种尺度中创造适宜而不过度的连接，以实现人与环境的共生。

面对增强端口的技术趋势，建筑需要思考的是完善后的个体如何能贡献于集体家园的创建。

在个体层面，对增强的追求事实上是一种资本驱动下对个体身体的投资，是一个触及社会秩序、需要被认真思考的集体议题。我们需要警醒的是，人的增强是否加剧了以自我为中心的狭隘，导致对那些更大的、自我之外的问题和事务的漠然态度和洞察的丧失。

新人所体现的人类增强趋势，容易陷入以摆脱人的自然性为目的的偏执。如果生物与机器的融合是技术下的必然，如果健康是生物与机器和谐融合的体现，那么怎样的融合是适度的？如果减少生物肌体的比例能够带来更具生命力、智力、魅力、感知力、体力的增强，挣脱生物身体限制的逻辑到底能走多远？最为极端的设想便是，如同意识上传所设想的，在最高效系统下仅存的不依赖身体的电子端口，会使人类成为超越"健康"概念的无身体存在。这种摆脱人类生理限度的尝试，或许不是趋向更为健康和完善的人。如果实体被消亡，只存留下字节的信息，那么为了增强而失去人之为人的意义则显得本末倒置。

人类自然身体的缺陷或许是人努力成为"完人"的必要基础。如果人类曾经需要通过日积月累的良好习惯所获得的健康体魄，未来只需在基因序列中进行微小的改动就能够实现，只需利用连接系统的端口就能到达，那么，人类同时也将失去勤奋的美德，失去了对心智的培育，沉沦在无限虚幻的幸福中而忘记了真实苦难的意义，无形中面临着退化的威胁。或许，最完善的人并不一定是生命力、体力、魅力、智力、认知力最强的人，而是需要平衡地作为一个完善的整体。

人类自然身体的缺陷或许也是构建家园的合作基础，因为这些局限促进了一系列人与人之间的互动和美德，增进了同情心、毅力、勇气，以及谦卑、互助、团结等价值。因此，人类的增强技术看似在攻克不完美的瑕疵，却也在不断破坏不完美所带来的个人价值和集体秩序。

当人人陷入个体增强而迷茫无绪时，建筑师不仅需要提供人性关怀的最后防线，更在于引导人们对共同家园的创建。但这种引导不应该是社会工程式的强迫，而是在面对升维环境的技术突破时，思考理想的家园如何能够为个人的完善、集体的团结提供充足合适的机遇。

在集体层面，不加批判地盲目追求高效系统也容易产生负面效应。高效的系统有着将人降格为"数字集群"中从众的一分子的风险。"数字群体"无法成为公众，因为其中的个体失去了独立的思考的能力，集体也就失去了真正的凝聚力，只是在数据的指引下聚拢在一起。

对高效不加以思辨的追求是产生技术极端控制的主要根源之一，工业时代以福特工厂为代表的追求最大化量产的高效流程，逼迫着生产者遵循机器节奏的高效管理。这种工业时代中的高效容易造成机器对人的剥削和训规，而信息时代对高效的渴求也包含着压迫。如今遍布于大街小巷的快递员与其说是穿梭在城市中，不如说是穿梭在虚拟的地图导航中，在信息系统的数据流中被迫追赶着送达的时效。在不自觉中被异化成消费时代中手机程序中的信息比特，受令于有效的、隐匿的统治力量，甚至是不自知的自我剥削。

对高效的信仰意味着对机器和算法逻辑的迁就。亚马孙开发了一种"混乱储存"（chaotic storage）的物流技术，不将货物按类型或字母排放，而是顾客购买商品的关联程度。人类无法理解的混乱和无序，却为机器操作带来最高效的取货路径。但我们需要关注这种高效的机器工作场景对人的排挤，除非其完全避免人工的接入，否则参与者将面临被异化为机器的危险。

对高效的信仰也意味着对人工智能决策的授权。这意味着从公众手中夺走部分的日常决策。而这些决策需要基于对人类生产生活数据的收集和掌握，我们也因此更需要关注数据的使用权限和监管。

人工智能的高效决策所提供的最优解一定是最好的方案吗？或许只是最平庸而不犯错的方案？这是否会带来单调与压制？高效"合理"定义下也伴随着对"不合理"的排斥和禁锢。

在信息系统和能量系统的覆盖下，意义是否会被片面追求高效和实用所掩盖？超级人工智能可以产生不需要人类思考的建筑，这些不需要人类思考的建筑是否能产生有效的意义？能否产生让人凝聚的家园？建筑中最动人的瞬间或许正是环境中那些难以名状、超越常理的感知片刻，而不是最合理而乏味的回应。

我们需要思辨高效的人造地球是否是最适合人类生存的家园，还是技术决定论的极端体现？我们需要警惕片面地以主体的科学视角来观测这个被对象化的客体地球，而不去思考人类自身与多物种在地球环境中的共处。整个地球作为一个生命体，有着复杂的调节方式和过程机制，这些方式和机制，是否能顺应人类所期望的高效运转方式？

人造地球中，为追求高效而架构起的信息和能量系统，当发展到一定的程度后，其复杂程度或许将印证哲学家蒂莫西·莫顿所提出的"超物体"概念。超物体意指那些围绕着、笼罩着、包裹着我们的物体，那些过于巨大以至于我们无法窥见其全体的大物，只能通过其他事物的影响来感受。人造地球的初衷是对环境产生更为深刻的理解，但也可能在不断的加码和复杂化程序下，它也可能成为一种超物体，一种超出人类理解的技术物。技术的破译看似能使万物运行的方式更为透明，但随着透明度的增加，超越人类理解的黑暗也在滋长。[15]

人造地球中，力求高效的系统或许将产生基于客观数据的、让人信服的、统一绝对的标准。但是这种纯量化的最合理方案是否能满足人类和社会对更深层次的、精神上的共鸣的愿望？能否

蒂莫西·莫顿（Timothy Morton，1968~）
英国哲学家，莱斯大学英语教授，代表作品有《自然缺席的生态学》，主要研究领域在于本体论和生态论。

激发人类对生存的反思和批判？这会不会带来意义缺失的麻木？个体是否会在高效逻辑的同质化的集体环境中丧失敏锐度？这是未来人类需要面对的挑战，也是建筑师需要坚守的阵地。

往昔与未来的反复参考

面对往昔与未来这对人类存在不可避免的时间处境，建筑师需要时刻反省历史的站位，思辨如何在这两种时间的指向里形成价值的提取，以实现对人类生存状态的赋意。

每一个当下都夹在未知的未来与积淀的往昔之间。技术的进步带着对未来的期待，也带着未知的恐惧。科技赋予的想象力可以冲破现实的限制，同时也带来颠覆式的威胁。面对未来的未知变化，往昔却流传着延续千年的生活传统。历史的参考可以不断挖掘和重新解读，与未知的未来相比，已知的往昔不仅能提供安稳的心理安慰，更能以历史的经验缓解对未知的不确定性。

在未来技术革命雏形浮现的历史节点，我们应当如何对待过去的经验与新生的智慧？每个当下都交织着对未来和往昔的不同情感，人类的生存由未定义的想象所激发，还是由往昔沉淀的经验所引导？这是人类一直需要不断权衡的问题。

前文中也提到，对未来满怀希望的乌托邦视角鼓吹着机器和技术的救赎，让进步更迭的机器和技术成为面向未来的昭示。而对未来充满悲观的反乌托邦设想则弘扬着传统和自然的至上，让延续不断的传统和自然成为面向往昔的参考。建筑在形式上对人造技术和自然力量的模仿与借鉴，都是人类试图为身处时代找到合适定位的尝试。向历史汲取养分的建筑师回应传统与经典，向未来突破限制的建筑师畅想科技与新潮。前者可以从建筑传统中获得参考,试图体现独特文化的历史渊源,嵌入民族国家的凝聚力。而后者则无法从建筑学内部的角度进行拓展,必须向不断发展的技术跨界寻找线索,传达国家迅猛发展的美好前景,承担并促进社会进步的信仰。

　　建筑学中,现代主义时期的技术美学就体现出未来与往昔的反复参考。技术美学试图将技术安置在有序的美学之中,净化科技的破碎,为机器的形象增添人性。密斯在他的建筑作品中将工业化制造技术与古典秩序进行富有创新的融合与解读,希望通过艺术的处理为技术赋予人性的尺度和感知。他在钢构和玻璃等新型工业材料建筑中融入了古典建筑传统中的美学审思和节点构造,通过对机器造型和工业材料的净化和理想化处理,使技术在美学的驾驭之下,有了更深层次的文化意义。[16](图 5-6) 建筑既可以是技术视角下的优美机器,也可以是美学视角下的技术象征。建筑中对技术美学的讨论是将技术吸收容纳进社会文化的反思,以美学修辞来缓解技术的冲击。

路德维克·密斯·凡·德·罗（Ludwig Mies Van der Rohe，1886~1969 年）
德国建筑师,后移居美国,与赖特、勒·柯布西耶、格罗皮乌斯并称四大现代建筑大师。密斯坚持"少就是多"的建筑设计哲学。

图 5-6　密斯设计的柏林新国家美术馆

　　班纳姆一直呼喊着建筑的未来在于技术，他认为建筑总是被"技术美学"中的美学所限制，而不是注重技术。而技术意味着超越主观的形式争论，因此有可能带领建筑超越形式的维谷，超越之前各种风格美学的争议。然而，无论是强调技术的电讯派还是富勒，最终都展示出独特的形式特点，形成一系列风格。在建筑学中，技术不可避免地成为寻找形式的方式，形式也反过来成为展现技术的载体。因此，技术并不会终结风格的流变，技术的快速发展甚至会造成风格的更快速的流变。

　　在这一次技术时代的变革前夕，在当下建筑形式的多元流变中，统一的"时代精神"已经难以寻觅。但建筑仍然是人们试图寻求技术驱动下符合时代特征的形式表达，在未来和往昔之间的摇摆态度中寻找着这个时代的偏好，从而成为记录一个时代最直接的佐证，成为表达人类存在意义最直观的途径。因此，建筑能够成为反观人类历史中不稳定的、非线性发展的参考。帮助我们寻找"我从哪里来""要到那里去"的哲学问题。

　　对未来建筑的思考不应是单向的片面信仰，而需要对过去和未来反复思辨。未来既可以是激进大胆的远景，依托着技术乌托邦的想象大步跨越；也可以是小心翼翼的近景，参考着进托邦的过程逐渐进步。往昔既可以是历史传统的维护延续，也可以是对未来走向的经验性指引。由此，未来与往昔不仅是两个方向相反的视角，更混合着颠覆与继承、抵抗与吸纳、回溯与展望。

　　在未来与往昔两种时间观之间博弈的建筑，也不应被理解为线性的进化式的迭代。从长远的视角来看，人类无法也不应让自然完全被笼罩在技术之下，也无法回到无技术全自然的状态。无论建筑怎样在未来与往昔之间的摇摆与调和，其最重要的关键在于需要成为人类找寻生存意义的源泉，成为指引反思当下困顿的指南。

看似必然的、呈指数发展的技术想象也有着偶然的反折。在未来想象和往昔传统的夹缝中，建筑师面对当下问题的洞察力与创造力尤为重要。或许，人造地球的"系统"和增强新人的"端口"不一定会也不应成为建筑的终结，但应当成为一次面对未来反思建筑的良机。它们提醒着，当建筑学在工具理性的推论下看到"尽头"的模样时，更需要反思在这场跋涉中，我们将得到什么、又将错失什么。

图片来源

第一章　人体的技术延伸

图 1-1　图片来源：约瑟夫·里克沃特.亚当之家 [M]. 北京：中国建筑工业出版社，2006.

图 1-2　图片来源：勒·柯布西耶.模度 [M]. 北京：中国建筑工业出版社，2011.

图 1-3　图片来源：恩斯特·诺伊费特.建筑设计手册 [M]. 北京：中国建筑工业出版社，2000.

图 1-4　图片来源：Neuralink https://arketyp.com/elon-musk-unveils-updated-neuralink-design/.

图 1-5　图片来源：Prof. Sankai, University of Tsukuba / CYBERDYNE, INC.

图 1-6　图片来源：Lydia Kallipoliti.The Architecture of Closed Worlds[M].Zurich：Lars Muller，2018：254.

图 1-7　图片来源：Simon Sadler.Archigram：Architecture without Architecture[M].Cambridge：The MIT Press，2005：114.

图 1-8　图片来源：Jane Alison，Marie-Ange Brayer，Frederic Migayrou，Neil Spiller（Eds.）Future City Experiment and Utopia in Architecture[M].New York：Thames & Hudson，2006：88.

图 1-9　图片来源：Laurids Ortner，Manfred Ortner（Eds.）Haus-Rucker-Co Drawings and Objects 1969-1989[M].Cologne：Walther Koenig，2020.

图 1-10　图片来源：约瑟夫·里克沃特.亚当之家 [M]. 北京：中国建筑工业出版社，2006.

图 1-11　图片来源：约瑟夫·里克沃特.亚当之家 [M]. 北京：中国建筑工业出版社，2006.

图 1-12　图片来源：吴军.全球科技通识 [M]. 北京：中信出版集团，2019.

图 1-13　图片来源：https://www.donsmaps.com/mammothcamp.html.

图 1-14　图片来源：https：//commons.wikimedia.org/wiki/File：Xenobot_Multiple_

Design_Organism_Paris.png.

第二章　机器的生物演化

图 2-1　图片来源：https：//www.flickr.com/photos/dalbera/30282887738/in/album-72157700380320725/.

图 2-2　图片来源：https：//commons.wikimedia.org/wiki/File：Fallingwater，_Pennsylvania.jpg.

图 2-3　图片来源：肯尼斯·弗兰姆普敦. 现代建筑：一部批判的历史 [M]. 北京：中国建筑工业出版社，2012.

图 2-4　图片来源：刘先觉. 中外建筑艺术 [M]. 北京：中国建筑工业出版社，2014：114.

图 2-5　图片来源：Chris Abel.Architecture，Technology and Process [M].Oxford：Elsevier，2004：69.

图 2-6　图片来源：https://commons.wikimedia.org/wiki/File：Palm_pavilion_（352529-90430）.jpg.

图 2-7　图片来源：Jane Alison，Marie-Ange Brayer，Frederic Migayrou，Neil Spiller（Eds.）Future City Experiment and Utopia in Architecture[M].New York：Thames & Hudson，2006：197.

图 2-8　图片来源：马丁·波利. 诺曼·福斯特：世界性的建筑 [M]. 北京：中国建筑工业出版社，2004.

图 2-9　图片来源：http://commos.wikimedia.org/wiki/File：Media_Centre_and_snow，_Lord%27s_cricket_ground，_St_John%27s_Wood，_London_-_geograph.org.uk_-_2804409.jpg.

图 2-10　图片来源：Simon Ssdler.Archigram：Architecture without Architecture[M].Cambridge：The MIT Press，2005：19.

图 2-11　图片来源：黑川纪章. 城市革命：从公有到共有 [M]. 徐苏宁，吕飞，译. 北京：中国建筑工业出版社，2011：29.

图 2-12　图片来源：https：//commons.wikimedia.org/wiki/File：Munich_-_Frei_Otto_Tensed_structures_-_5293.jpg.

图 2-13　图片来源：Junya Ishigami.PLOT 08 Junya Ishigam[M].Tokyo：GA，2018：42.

图 2-14　图片来源：https：//commons.wikimedia.org/wiki/File：Silk_Pavilion_silkworms_at_work.jpg；https：//commons.wikimedia.org/wiki/File：Oxman-Silk_pavilion_ silkworms.png.

图 2-15　图片来源：https：//commons.wikimedia.org/wiki/File：IBA_Hamburg_BIQ_
（2）.nnw.jpg；https：//commons.wikimedia.org/wiki/File：IBA_Hamburg_BIQ_
Fassdenteil_mit_Mikroalgen.nnw.jpg.

图 2-16　图片来源：Simon Sadler.Archigram：Architecture without Architecture[M].
Cambridge：The MIT Press，2005：36.

图 2-17　图片来源：Jane Alison，Marie-Ange Brayer，Frederic Migayrou，Neil Spiller
（Eds.）Future City Experiment and Utopia in Architecture[M].New York：Thames &
Hudson，2006：148.

图 2-18　图片来源：Tony Monk.The art and architecture of Paul Rudolph[M].New
York：Wiley，1999：72.

图 2-19　图片来源：https://commons.wikimedia.org/wiki/File：Autobahnueberbauung-
Schlangenbader-Str-Berlin-Wilmersdorf-07-2017b.jpg.

图 2-20　图片来源：BIG.FORMGIVING An Architectural Future History[M].Cologne：
TASCHEN，2020.

第三章　环境的系统升维

图 3-1　图片来源：Beatriz Colomina，Mark Wigley.Are we human，Notes on an archa-
eology of design[M].Zurich：Lars Muller，2016:8.

图 3-2　图片来源：Jane Alison，Marie-Ange Brayer，Frederic Migayrou，Neil Spiller
（Eds.）Future City Experiment and Utopia in Architecture[M].New York：Thames &
Hudson，2006:268；Elizabeth Diller，Richardo Scofidio.Blur：The Making of
Nothing[M].New York：Abrams，2022.

图 3-3　图片来源：Junya Ishigami.PLOT 08 Junya Ishigami[M].Tokyo：GA，2018：
43.

图 3-4　图片来源：https：//openverse.org/image/31e3e060-aaf6-49fd-b16b-6331bf93ff89.

图 3-5　图片来源：https://www.pcma.org/technology-deeply-human-stories-holocaust-
survivors/.

图 3-6　图片来源：Lydia Kallipoliti.The Architecture of Closed Worlds[M].Zurich：
Lars Muller，2018：259.

图 3-7　图片来源：Lydia Kallipoliti.The Architecture of Closed Worlds[M].Zurich：
Lars Muller，2018：53.

图 3-8　图片来源：LALLYS. The Air from Other Planets.[M] Zurich： Lars Muller，

2013.

图 3-9　图片来源：Massimilianno Scuderi，Philippe Rahm. Philippe Rahm Architectes. Constructed Atmospheres：Architeture as Meteorological Design[M].Milan：Postmedia Books，2020.

图 3-10　图片来源：Roberto Gargiani，Archizoom Associati 1996-1974[M].Milan：Mondadori Electa，2007：344.

第四章　新人的端口生存

图 4-1　图片来源：Reyner Banham. A Home is not A House[J].Art in America 1965，4：110；William Braham，Jonathan Hale.（Eds）.Rethinking Technology A Reader in Architectural Theory[M].London and New York：Routledge，2007：164.

图 4-2　图片来源：Branscome，Eva；Hollein，Hans，Hans Hollein and postmodernism art and architecture in Austria，1958-1985[M].London and New York：Routledge，Taylor & Francis Group，2018：170.

图 4-3　图片来源：自绘 .

图 4-4　图片来源：Ugo La Pictra. La Cellula Abitativa: una micostruttura all′interno dei sistemi di comunicazione ed informazione[J].IN. Argomenti di immagini e di design，1972,5：29.

图 4-5　图片来源：https://www.designboom.com/technology/mojo-vision-smart-contact-lenses-ar-01-17-2020/.

图 4-6　图片来源：https://www.bbc.com/news/business-59651334.

图 4-7　图片来源：F.Gramazio，M.Kohler，J.Wiillmann(Eds.).The Robotic Touch-How Robots Change Architecture[M].Zurich：Park Books，2014.

图 4-8　图片来源：https://www.iconbuild.com/.

图 4-9　图片来源：https://commons.wikimedia.org/wiki/File：Ouster_OS1-64_lidar_point_cloud_of_intersection_of_Folsom_and_Dore_St,_San_Francisco.png.

图 4-10　图片来源：Winy Maas，Ulf Hackauf，Adrien Ravon，Patrick Healy.Barba：Life in the Fully Adaptable Environment[M].Rottredam：nai010，The Why Factory，2015.

图 4-11　图片来源：Toyo Ito.Toyo Ito 1 1971-2001[M].Tokyo：TOTO，2014：118.

第五章 未来视域的反思

图 5-1 图片来源：勒·柯布西耶. 光辉城市 [M]. 金秋野，王又佳，译. 北京：中国建筑工业出版社，2010：203.

图 5-2 图片来源：https：//openverse.org/image/f6d20c44-9713-4ef6-8528-cc4c0fd-37cd6.

图 5-3 图片来源：Charles Jencks's "Evolutionary Tree to the Year 2000" as published in Architecture 2000: Predictions and Methods (1971).

图 5-4 图片来源：Charles Jencks's "Evolutionary Tree to the Year 2000" as published in Architecture 2000: Predictions and Methods (1971).

图 5-5 图片来源：Lydia Kallipoliti.The Architecture of Closed Worlds[M].Zurich：Lars Muller，2018：254.

图 5-6 图片来源：https://www.atlasofplaces.com/architecture/neue-nationalgalerie/.

参考文献

第一章　人体的技术延伸

[1]　NGOLD T. Toward an Ecology of Materials[J]. Annual Review of Anthropology, 2012, 41: 427-442.

[2]　COLOMINA B, WIGLEY M. Are We Human?[M]. Zurich: Lars Müller, 2017.

[3]　马歇尔·麦克卢汉. 理解媒介[M]. 何道宽, 译. 南京: 译林出版社, 2011.

[4]　STEFFEN W, CRUTZEN P J, MCNEILL J R. The Anthropocene: Are Human Now Overwhelming the Great Forces of Nature[J]. AMBIO: A Journal of the Human Environment, 2007, 8(36): 614-621.

[5]　马斯克的Neuralink脑机接口项目已有植入物原型，临床试验在即_腾讯新闻 [EB/OL]. [2022-05-05]. https://new.qq.com/omn/20220126/20220126A0142F00.html.

[6]　SHEPERTYCKY M, BURTON S, DICKSON A, 等. Removing energy with an exoskeleton reduces the metabolic cost of walking[J/OL]. Science, 2021, 372(6545): 957-960. DOI:10.1126/science.aba9947.

[7]　吴军. 全球科技通史[M]. 北京: 中信出版集团, 2019.

[8]　IVICA BRNIC. Was the Primitive Hut Actually a Temple[J]. San Rocco, 2013(8): 32-43.

[9]　COLOMINA B,WIGIEYM.Are We Human？ [M].Zurich:I ars Miiller,2017.

[10]　王志伟. 现代技术的谱系[M]. 上海: 复旦大学出版社, 2011.

[11]　贝尔纳·斯蒂格勒. 技术与时间 爱比米修斯的过失[M]. 裴程, 译. 南京: 译林出版社, 2012.

[12]　CLARK A. Natural-Born Cyborgs[M]. Oxford: Oxford University Press, 2004.

[13]　克洛德·列维—斯特劳斯. 野性的思维[M]. 李幼蒸, 译. 北京: 中国人民大学出版社, 2006.

[14]　ABEL C. Architecture, Technology and Process[M]. Oxford: Architectural Press, 2004.

[15] 钱童心. 首例猪心移植登上《新英格兰医学杂志》，异种移植研究会迎转折吗[EB/OL]//第一财经.(2022-06-24)[2022-06-28]. https://www.yicai.com/news/101454815.html.

[16] 张佳欣. 首个可自我繁殖活体机器人问世[EB/OL]//中国科学院. (2021-12-01)[2022-06-28]. https://www.cas.cn/kj/202112/t20211201_4816631.shtml.

[17] 罗伊·泽扎纳. 未来生活简史[M]. 寇莹莹, 译. 成都: 四川人民出版社, 2020.

[18] Calico - Calico and AbbVie Share Update on Early-Stage Clinical Programs[EB/OL]. [2022-05-05]. https://calicolabs.com/press/calico-and-abbvie-share-update-on-early-stage-clinical-programs.

[19] 尤瓦尔·赫拉利. 未来简史[M]. 林俊宏, 译. 北京: 中信出版集团, 2017.

[20] 尤瓦尔·赫拉利. 今日简史[M]. 林俊宏, 译. 北京: 中信出版集团, 2018.

[21] 吕克·费希. 超人类革命[M]. 周行, 译. 长沙: 湖南科学技术出版社, 2017.

[22] KURZWEIL R. 奇点临近[M]. 董振华, 李庆成, 译. 北京: 机械工业出版社, 2011.

[23] 马克·奥康奈尔. 最后一个人类[M]. 郭雪, 译. 杭州: 浙江人民出版社, 2019.

[24] 凯文·凯利. 失控[M]. 张行舟 等, 译. 北京: 电子工业出版社, 2016.

[25] KURZWEIL R, GROSSMAN T. Fantastic Voyage[M]. Plume, 2005.

[26] 罗伊·泽扎纳. 未来生活简史[M]. 寇莹莹, 译. 成都: 四川人民出版社, 2020.

[27] 韩炳哲. 他者的消失[M]. 吴琼, 译. 北京: 中信出版集团, 2019.

[28] 亚历山大·柯瓦雷. 从封闭世界到无限宇宙[M]. 北京: 商务印书馆, 2016.

[29] 宋冰, 托比·李思, 白书农, 等. 走出人类世[M]. 北京: 中信出版集团, 2021.

[30] 唐娜·哈拉维. 类人猿、赛博格和女人[M]. 陈静, 译. 郑州: 河南大学出版社, 2016.

[31] 安东尼·吉登斯. 现代性的后果[M]. 田禾, 译. 南京: 译林出版社, 2011.

第二章　机器的生物演化

[1] BRAHAM W W. Rethinking Technology: A Reader in Architectural Theory[M]. London; New York: Routledge, 2006.

[2] BANHAM R. Theory and Design in the First Machine Age[M]. Cambridge, Mass; London, England: MIT Press, 1980.

[3] BANHAM R. Theory and Design in the First Machine Age[M]. Cambridge, Mass; London, England: MIT Press, 1980.

[4]   WHITELEY N. Reyner Banham: historian of the immediate future[M]. Cambridge, Mass; London, England: MIT Press, 2002.

[5]   李士桥. 现代思想中的建筑[M]. 北京: 中国水利水电出版社, 2009.

[6]   托马斯·库恩, 伊安·哈金. 科学革命的结构[M]. 金吾伦, 胡新和, 译. 北京: 北京大学出版社, 2012.

[7]   刘易斯·芒福德. 技术与文明[M]. 陈允明, 王克仁, 李华山, 译. 北京: 中国建筑工业出版社, 2009.

[8]   马歇尔·麦克卢汉. 理解媒介[M]. 何道宽, 译. 南京: 译林出版社, 2011.

[9]   ABEL C. Architecture, Technology and Process[M]. Oxford: Architectural Press, 2004.

[10]   乔纳森·A. 黑尔. 建筑理念: 建筑理论导论[M]. 方滨, 王涛, 译. 北京: 中国建筑工业出版社, 2015.

[11]   WHITELEY N. Reyner Banham: historian of the immediate future[M]. Cambridge, Mass; London, England: MIT Press, 2002.

[12]   GARTMAN D. 从汽车到建筑[M]. 程玺, 译. 北京: 电子工业出版社, 2013.

[13]   KUROKAWA K. Metabolism in Architecture[M]. New York: Westview Press, 1977.

[14]   黑川纪章. 新共生思想[M]. 覃力, 译. 北京: 中国建筑工业出版社, 2009.

[15]   BRAHAM W W, HALE J A, SADAR J S. Rethinking Technology[M]. Routledge, 2007.

[16]   GRAMAZIO F, KOHLER M, LANGENBERG S. Mario Carpo in Conversation With Matthias Kohler[M]//Fabricate 2014. London: UCL Press, 2017: 12-21.

[17]   弗雷·奥托, 博多·拉希, 扎比内·尚茨. 找形[M]. 任浩, 译. 北京: 中国建筑工业出版社, 2021.

[18]   ARMSTRONG R. Let's open our sealed-off lives to semi-permeabl architecture[EB/OL]//Aeon. (2017-11-22). https://aeon.co/ideas/lets-open-our-sealed-off-lives-to-semi-permeable-architecture.

[19]   ARMSTRONG R. Let's open our sealed-off lives to semi-permeabl architecture[EB/OL]//Aeon. (2017-11-22). https://aeon.co/ideas/lets-open-our-sealed-off-lives-to-semi-permeable-architecture.

[20]   马克·奥康奈尔. 最后一个人类[M]. 郭雪, 译. 杭州: 浙江人民出版社, 2019.

[21]   戈特弗里德·森佩尔. 建筑四要素[M]. 罗德胤, 赵雯雯, 包志禹, 译. 北京: 中国建筑工业出版社, 2016.

[22]   MURPHY D. Last futures: nature, technology and the end of architecture[M].

London; New York: Verso, 2016.

[23]　孟建民. 关于泛建筑学的思考[J]. 建筑学报, 2018, 603(12): 109-111.

[24]　阿德里安·福蒂. 词语与建筑物[M]. 李华, 武昕, 诸葛净, 译. 北京: 中国建筑工业出版社, 2018.

[25]　凯文·凯利. 必然[M]. 周峰, 董理, 金阳, 译. 北京: 电子工业出版社, 2016.

[26]　N.凯瑟琳·海勒. 我们何以成为后人类[M]. 刘宇清, 译. 北京: 北京大学出版社, 2017.

第三章　环境的系统升维

[1]　查尔斯·瓦尔德海姆. 景观都市主义[M]. 北京: 中国建筑工业出版社, 2011.

[2]　BRATTON B H. The Stack[M]. The MIT Press, 2016.

[3]　许煜. 递归与偶然[M]. 苏子滢, 译. 上海: 华东师范大学出版社, 2020.

[4]　CARPO M. The Second Digital Turn[M]. Cambridge, Mass; London, England: MIT press, 2017.

[5]　凯文·凯利. 必然[M]. 周峰, 董理, 金阳, 译. 北京: 电子工业出版社, 2016.

[6]　GERSHON DUBLON, LAUREL S. PARDUE, BRIAN MAYTON, NOAH SWARTZ, NICHOLAS JOLIAT, PATRICK HURST AND JOSEPH A. PARADISO. DoppelLab: Tools for exploring and harnessing multimodal sensor network data[J]. Institute of Electrical and Electronics Engineers.

[7]　罗伊·泽扎纳. 未来生活简史[M]. 寇莹莹, 译. 成都: 四川人民出版社, 2020.

[8]　凯文·凯利. 必然[M]. 周峰, 董理, 金阳, 译. 北京: 电子工业出版社, 2016.

[9]　凯文·凯利. 科技想要什么[M]. 严丽娟, 译. 北京: 电子工业出版社, 2016.

[10]　吴军. 智能时代[M]. 北京: 中信出版集团, 2016.

[11]　石上纯也. Junya Ishigami - Another Scale Of Architecture[M]. Seigensha Art Publishing, 2010.

[12]　子弥实验室 2140. 元宇宙[M]. 北京: 北京大学出版社, 2022.

[13]　NEGROPONTE N. 数字化生存[M]. 胡泳, 范海燕, 译. 北京: 电子工业出版社, 2017.

[14]　MITCHELL W J. Me++[M]. Cambridge, Mass; London, England: The MIT Press, 2003.

[15]　许煜. 递归与偶然[M]. 苏子滢, 译. 上海: 华东师范大学出版社, 2020.

[16]　COLOMINA B. X-ray Architecture[M]. Zurich: Lars Müller Publishers, 2019.

[17]　韩炳哲. 在群中[M]. 程巍, 译. 北京: 中信出版社, 2019.

[18]   詹姆斯·布莱德尔. 新黑暗时代[M]. 宋平, 梁余音, 译. 广州: 广东人民出版社, 2019.

[19]   UNITED NATIONS ENVIRONMENT PROGRAMME G A for B and C. 2020 Global Status Report for Buildings and Construction: Towards a Zero-emissions, Efficient and Resilient Buildings and Construction Sector - Executive Summary[J/OL]. 2020. https://wedocs.unep.org/20.500.11822/34572.

[20]   MURPHY D. Last Futures Nature, Technology and the End of Architetcure[M]. London; New York: Verso, 2016.

[21]   李麟学. 热力学建筑原型[M]. 上海: 同济大学出版社, 2019.

[22]   网易. 再见了, 有机地球: 全球人造物重量首次超过总生物量|生物|地球[EB/OL]. (2020-12-11)[2022-05-05]. https://www.163.com/dy/article/FTIJM7BI0539JUO7.html.

[23]   STEFFEN W, CRUTZEN P J, MCNEILL J R. 人类世: 人类将压倒大自然的威力吗? [J]. AMBIO-人类环境杂志, 2017, 36(8): 578-584.

[24]   詹姆斯·布莱德尔. 新黑暗时代[M]. 宋平, 梁余音, 译. 广州: 广东人民出版社, 2019.

[25]   加来道雄. 人类的未来[M]. 徐玢, 尔欣中, 译. 北京: 中信出版集团, 2019.

[26]   刘慈欣. 微纪元[M]. 沈阳: 沈阳出版社, 2010.

[27]   梅拉妮·米歇尔. 复杂[M]. 唐璐, 译. 长沙: 湖南科学技术出版社, 2018.

[28]   理查德·巴克敏斯特·富勒. 设计革命: 地球号太空船操作手册[M]. 陈霜, 译. 武汉: 华中科技大学出版社, 2017.

[29]   LALLY S. The Air from Other Planets[M]. Zurich: Lars Muller, 2013.

[30]   一文读懂"天河工程"争议: 多名科学家批"太异想天开"_科技_腾讯网[EB/OL]. [2022-05-05]. https://tech.qq.com/a/20181122/013912.htm.

[31]   BRIAN MASSUMI. Sensing the Virtual, Building the Insensible[J]. Architectural Design, 1998, 68(5/6): 16-24.

第四章   新人的端口生存

[1]   韩炳哲. 美的救赎[M]. 关玉红, 译. 北京: 中信出版集团, 2019.

[2]   网易. 无源Wi-Fi设备耗电量仅为传统设备的万分之一[EB/OL]//网易. (2016-04-07)[2022-06-30]. https://www.163.com/news/article/BK1P2COI00014AED.html.

[3]   网易. IF:38.5! 香港城市大学杨征保团队《EES》: 大面积雨滴发电面板[EB/OL]. (2022-06-22)[2022-06-30]. https://www.163.com/dy/article/

HAEVMV5105329TW8.html.

[4] 新型柔性可穿戴热电发电机：效率更高、性能更好！-科技频道-手机搜狐 [EB/OL]. [2022-06-30]. https://m.sohu.com/n/498450077/.

[5] 马克·奥康奈尔. 最后一个人类[M]. 郭雪, 译. 杭州: 浙江人民出版社, 2019.

[6] 英特尔发新神经形态芯片，31mm 容纳100万人工神经元_腾讯新闻[EB/OL]. [2022-06-30]. https://new.qq.com/omn/20211003/20211003A08AK200.html.

[7] 米格尔·尼科莱利斯著. 脑机穿越[M]. 黄珏苹, 郑悠然, 译. 杭州: 浙江人民出版社, 2015.

[8] KOHLER M. Aerial Architecture[J]. Log, 2012(25): 23-30.

[9] 安托万·皮孔. 人类如何？建筑学中的人工智能[J]. 时代建筑, 2019(6): 14-19.

[10] OXMAN N. PER FORMATIVE: Toward a Post-Formal Paradigm in Architecture[J]. Perspecta, 2010, 43: 19-177.

[11] HARMAN G. Object-Oriented Ontology[M]. Pelican, 2018.

[12] 赵汀阳. 人工智能提出了什么哲学问题？[J]. 文化纵横, 2020(2).

[13] 凯文·凯利. 必然[M]. 周峰, 董理, 金阳, 译. 北京: 电子工业出版社, 2016.

[14] 马丁·海德格尔. 存在与时间[M]. 陈嘉映, 王庆节, 译. 北京: 生活·读书·新知三联书店, 2014.

[15] 王辉. 现象的意义[J]. 建筑学报, 2018, 592(1): 74-79.

[16] 贝尔纳·斯蒂格勒. 技术与时间[M]. 裴程, 译. 南京: 译林出版社, 2012.

[17] SLOTERDIJK P. Bubbles[M]. HOBAN W, 译. Semiotext(e), 2011.

[18] 赵汀阳. 人工智能提出了什么哲学问题？[J]. 文化纵横, 2020(2).

[19] 韩炳哲. 在群中[M]. 程巍, 译. 北京: 中信出版社, 2019.

[20] 简·麦戈尼格尔. 游戏改变世界[M]. 闾佳, 译. 杭州: 浙江人民出版社, 2012.

[21] 詹明信. 晚期资本主义的文化逻辑[M]. 陈清侨等, 译. 北京: 生活·读书·新知三联书店, 2013.

[22] 吕克·费希. 超人类革命[M]. 周行, 译. 长沙: 湖南科学技术出版社, 2017.

[23] 阿道司·赫胥黎. 美丽新世界[M]. 陈超, 译. 上海: 上海译文出版社, 2017.

[24] KURZWEIL R. 奇点临近[M]. 董振华, 李庆成, 译. 北京: 机械工业出版社, 2011.

[25] 赵汀阳. 人工智能提出了什么哲学问题？[J]. 文化纵横, 2020(2).

[26] 尼克·波斯特洛姆. 超级智能[M]. 张体伟, 张玉青, 译. 北京: 中信出版股份有限公司, 2015.

第五章　未来视域的反思

[1]　凯文·凯利. 必然[M]. 周峰, 董理, 金阳, 译. 北京: 电子工业出版社, 2016.

[2]　柯林·罗. 拼贴城市[M]. 童明, 译. 北京: 中国建筑工业出版社, 2003.

[3]　JENCKS C. Architecture 2000 and Beyond[M]. John Wiley & Sons, 2000.

[4]　GAGE M F. Killing Simplicity: Object-Oriented Philosophy In Architecture[J]. Log, 2015(33): 95-106.

[5]　孟建民. 本原设计[M]. 北京：中国建筑工业出版社, 2015.

[6]　COLOMINA B. X-ray Architecture[M]. Zurich: Lars Müller Publishers, 2019.

[7]　VIDLER A. The architectural uncanny: essays in the modern unhomely[M]. Cambridge, Mass; London, England: MIT Press, 1992.

[8]　PHILLIPS S J. Elastic Architecture[M]. Cambridge, Mass; London, England: The MIT Press, 2017.

[9]　CARUSO C. World's First Cybathlon Pits High-Tech Prosthetics against One Another[EB/OL]//Scientific America. (2016-10-12)[2020-05-27]. https://www.scientificamerican.com/article/world-s-first-cybathlon-pits-high-tech-prosthetics-against-one-another/.

[10]　DILLER E, SCOFIDIO R. Flesh[M]. New York: Princeton Architectural Press, 1998.

[11]　VILDER A. The Third Typology and Other Essays[M]. Artifice Books on Architecture, 2013.

[12]　查尔斯·泰勒. 现代性的隐忧[M]. 程炼, 译. 南京: 南京大学出版社, 2020.

[13]　内藤广. 结构设计讲义[M]. 张光玮, 崔轩, 译. 北京: 清华大学, 2018.

[14]　尤哈尼·帕拉斯玛. 肌肤之目[M]. 刘星, 任丛丛, 译. 北京: 中国建筑工业出版社, 2016.

[15]　韩炳哲. 在群中[M]. 程巍, 译. 北京: 中信出版社, 2019.

[16]　VESELY D. Architecture in the Age of Divided Representation[M]. Cambridge, Mass; London, England: The MIT Press, 2004.

问答

1. 为何选择在此时撰写一本面向未来的书?

预判未来对于个体和集体的价值无需多言,实际上我们当下的生活都是建立在对明天的预期参照之上。而本书的目的则是选择在当下的历史节点,在各种具备未来潜力的技术雏形快速涌现的时期,通过这些技术线索来形成一种"站在未来,思考当下"的视野。这本书并非意在提供一种针对未来的预言,而是希望彰显一种积极向前的设计、构思、筹划的时空理念,并强调对工具理性下技术发展的反思,对先进技术可能带来的问题作出预警。倘若本书能够在读者面对未来不确定性时提供些许理性而乐观的启发,我们将感到不胜荣幸。

2. 如何理解书名中的"异化"?

通过"异化"的提法来讲述人与建筑的未来设想,一方面是表明未来不得不正视的巨大变化,另一方面也希望传递出对这一变化可能带来的挑战的隐忧和关注。虽然"异化"在 1960 年后被过度使用而导致意义变得复杂而模糊,但在当下的技术进步中,"异化"仍是一个我们不应该忽视的概念。正如哲学家韩炳哲所说:"当今社会出现了一种新型的异化。它不再涉及世界或者劳动,而是一种毁灭性的自我异化，即由自我而生出的异化。这一异化恰恰发生于自我完善和自我实现的过程中。当功能主体将其自身当成有待完善的功能对象时，他便逐渐走向异化了。"

3. 如何理解书名中的"人与建筑"之间的关系？

建筑是一种人造环境，是人类不断试图利用当时的技术水平塑造其与生存环境之间关系的尝试。因此，人与建筑不应该用一种二元的方式来看待，而应该将建筑置于人与环境之间，将其视为人与环境之间的中介。人与自然环境之间一直存在着亲切又疏远的矛盾关系。人类作为生物界的一员，脱胎于滋养于自然环境，但是却又希望通过努力脱离生物躯壳，摆脱自然环境的束缚。在这种矛盾的关系中，建筑也需要思辨如何在人定胜天与顺其自然的路径中找寻适宜的中介方式。

4. 人类利用技术进行自我增强是一种必然吗？

这个问题可以从个体和群体两个层面来思考。从个体的视角来看，趋利避害是人类自然的生存法则，对美好生活的向往也是人类改造自身的原动力。从群体的视角来看，当今的经济发展需要依靠科技创新来持续增长，技术的迭代发展是不以人的意志为转移的。虽然我们对人类自我增强的速度和程度很难有准确的预测，但可以确定的是当下的人类仅仅是这个物种在宇宙文明中的一种中间状态。技术对人体的增强是一种进化还是异化，则是我们需要关注的焦点。

5. 从"自然人"到"新人"体现出什么样的趋势?

"自然人"是想象中还未开始被技术改变的状态,有着100%的"自然属性";"新人"是预设中被技术升级的全新人类,"自然属性"为0。在这个过程中,人的自然属性在递减,技术干预程度在提高。半人半机的赛博格可以看作是人与新人之间的过渡状态,人与机器之间还存在着明显界限,而新人则是人造与自然融合交融的状态。简言之,"自然人"到"新人"体现出的是技术干预下从"自然物"到"人造物与自然物融合"的趋势。

6."新人"会出现哪些方面的变化?

通过对"自然属性"的升级和替换,人的生命力、体力、智力和感知力都可以得到增强。新人可能拥有更聪慧的智力、更强壮的体力、更敏锐的感知力、更让人迷恋的魅力,甚至突破人类生命力的极限。这些增强都将摒弃半人半机的夸张视觉形象,新人呈现的是一种外表看似没有多大变化,但却在各方面都有着本质变化的"新人类"。这意味着需要摒弃对"人"固化的理解,需要预判变化巨大的生存方式,需要反思将被引发的连锁反应。

7. 新人时代的人体增强是否有极限?

在当下的想象中,关于人类增强的终极想象或许就是将人的意识和思维上传到高性能的,可以以假乱真的人型机器中以达到永存。未来学家库兹韦尔提出:"意识上传技术能让人类不再是无助又原始的生物,思想和行动也不会再受到大脑和身体的制约。通过放弃经过数千万年进化而来的身体,人类可以摆脱各种疾病的困扰，获得超常的思考速度和能力，死亡也将会掌握在自己的手中。"这似乎描述着人类思维与技术融合之后所能达到的一种顶峰状态。通过无机载体不仅能达到永生，更能达到各种能力的增强。然而，这种思考的底层逻辑认为生物身体是生命次要的附加物，抽象的信息才是生命的基础。人类的意识或许远远不仅是信息数据那样简单，这种看似是去物质、去身体的"解放"所带来的结果可能是人类无法预料的。

8. 新人时代的增强技术会导致人类日益趋同吗？

这个问题的关键在于人类是否都有相似的追求。人是否都希望无限延长自己的生命力，尽管这也意味着将一同延续在这个世界中的苦楚甚至虚无？人是否都希望无限强化自身的体力，尽管这也意味着可能打破身体机能的平衡？人是否都希望不断提升外表和魅力，尽管同质性的变化也将带来审美经验的趋同和贫乏？人是否都希望达到最高的智力，尽管高智力可能会带来如"阿斯伯格综合征"式的代价？人是否都希望实现最敏锐的感知力，尽管这也意味着大量信息噪音的冲击和无止境的监视与被监视？因此，技术增强下的日益趋同将是非常值得警惕的状况，它意味着人类自主性、反思性和多样性的溃败。

9. 新人时代是否将彻底消解或颠覆人类的社会阶层？

技术增强所带来的或许不是全人类的共同进步与繁荣。自我增强可能仅仅是生活在发达地区少数民众的特权，而不是在因结构性贫困而在生存边缘线上挣扎着的大多数弱势群体的议题。因此，在监管与公共力量无法有效管控的设想下，生活在地球上的人类，

一部分将是拥有长寿的生命、优异的智力、强壮的体力、迷人的
魅力和特异感知力的"新人",而另一部分则是维持原状的"自
然人"。社会中存在的不仅是不同的阶层,甚至是不同的物种。
人类作为一个整体的平等观念可能被一种固化的鄙视链所替代。
这种悲观的设想接近英国作家阿道司·赫胥黎的《美丽新世界》
中所构想的社会。低等人种的概念所带来的种族歧视是危险的,
技术增强对人类社会相对公平的颠覆将需要被极其谨慎地对待。

10. 新人时代的人类语言是否会发生退化甚至消失?

在信息技术的冲击下,在一代人的时间内,我们经历了从手
写信件到电子邮件,再到即时短信的交流方式的更迭。人类的语
言是否也会在技术的浪潮中被取代? 人类的语言是交流,也是一
种艺术。作为交流,或许语言的模糊性,多义性导致其不是信息
最高效的载体。脑机结合将使信息能够在人脑与电脑这两种完全
不同的载体中形成反馈。在这种前景下,人类的语言或许将让位
于更为高效的,无形无音的脑电波编码。语言是为了传达某种决
定与意向,通过脑机结合,人类的思维与机器的大数据运算思维
的贯通,看似提升了人类的思维能力,但决策的主体是否在不经
意之间让位于算法,是否会将人类贬低为缺乏自主思考的集群中
的从众者? 通过脑机接口的交流方式则更需要思考如何抵御信息
的噪音,如何在高效高频的信息冲击中生存。当作为交流的语言
被意识替代,或许只有文学和艺术将成为人类语言的残存。

11. 新人时代的美学价值与判断将如何变化?

美学价值的判断与一个时代的生存意义有着密不可分的关系。

建筑因承载着定义人类关系、促进集体活动、孵化社会过程、寄寓生存理想等功能，因此不仅仅是一种功能性的中介，更是一种意义的中介、一种在人类技术生存的背景下关于意义的追求和表达。书中所提到的建筑从生物和机器中受到的美学启发，事实上都是在新技术和新处境中对生存意义的不断思辨，试图追随、汲取、表达甚至同化科技进步的思想成果。由此，在"增强新人"和"人造地球"体现出的工程化生物和技术化自然的趋势之外，未来建筑的美学判断取决于那时的人们需要什么样的建成环境来赋予其生存的意义，赋予其人之为人的暗示。

12. 当下常见的看待未来的方式有哪些?

面对难以预测的未来，人们的想象可以用乌托邦、反乌托邦和进托邦三种构想来概括。乐观的乌托邦和悲观的反乌托邦都是巨变式的预测，进托邦则是小心翼翼的微调。我们不仅要避免乌托邦或是反乌托邦中的单一片面且自上而下的宏大叙事，也需要警惕进托邦中对未来巨变的漠不关心，更需要结合乌托邦视角的大胆畅想，反乌托邦视角的反思警示，以及进托邦视角所关注的细微过程。

13. 思考建筑未来发展的线索是什么?

对未来建筑的想象常常需要突破日常建筑的中观尺度，在技术的加持下必然需要回应宏观尺度的环境和微观尺度的人体。而"巨构"和"舱体"的思考就是从建筑学的角度开展的对宏观环境和微观人体的回应。"舱体"的逻辑实际上是基于赛博格中"生物与机器并置"范式下的构想。由此，"舱体"可以在"生物与机器融合"的范式中找到新的延续，在新人外表难以察觉却在各方面都增强的构想下，转化为与人体完美融合的"端口"。与人相对应的环境也有着类似的范式转换，从一种纯"自然"的环境，转化为"自然与技术并置"，再进一步转化为"技术与自然叠合"。"巨构"式的基础设施就是"自然与技术并置"的体现，而在基础设施之上进一步发展而成的人造地球，则体现出"技术与自然叠合"。在人造地球全域化、多维度的视角下，凝固的"巨构"也需要升级为动态的"系统"。

14."系统"相比"巨构"有什么不同？

宏观的建筑将不再局限于体积庞大的、物质层面的巨构，因为这种巨构的思考意味着预设的、稳固的、无法变通的结构。在当下信息技术、能源技术不断改变人居环境的前景下，建筑在宏观层面的思考需要突破物质层面的形态桎梏，进一步拓展为能够弥漫在环境中的信息系统和能量系统。信息和能量系统在宏观尺度将地球人造化，将自然技术化，这也正对应着新人中自然物与人造物相互渗透的趋势。信息和能量"系统"相比于"巨构"，摒弃了自上而下的固定形态，而更像是一种开源的平台或是界面，能够通过自下而上的参与不断地自我更新，随着参与个体的输入而不断产生递归式的变通。

15."端口"相比"舱体"有什么不同？

端口是设备与外界通信交流的出入口，可以是虚拟或是物理的形态。端口不仅仅只是"舱体"在物质层面的围合，更强调了在信息和能量层面的互动。从舱体到端口体现出的是建筑进一步内向地贴近人体的尝试。端口化意味着技术对人的拓展摆脱了笨重的外在附着，转向内在化、微小化、即时化、精准化和去物质化，形成了"连接"式的动态纽带，摆脱人体与机器之间所需要的调配和操作。

16. 端口与系统将形成怎样的环境中介？

"系统"和"端口"组成了建筑作为人与环境之间中介的新理解，它意味着生存不再是隔离式的，意味着环境中信息和能量与物质系统将与新人产生更精确密集的递归反馈。这些互动将基于系统与端口之间的"连接"。"连接"意味着建筑不再是独立于人之外的体量，人不再被围合在建筑的空间之中，两者需要由相互之间的互动来定义。由此，"系统"和"端口"下的建筑中介也不再是静态的空间式的。未来的建筑不仅需要从地理地质的角度出发思考环境中信息和能量系统带来的升维，还需要从新人增强的状态思考各种端口产生的新生存方式。在"端口"与"系统"的设想中，建筑这层人与环境之间的独立的"硬中介"，将成为融入人体、融入环境的无形又无处不在的"中介效应"。

17. 未来的建筑将发生怎样的变化？

在端口与系统的构想中，建筑或许可以转化为一种无形的环境管理控制和内化的身体调控，成为环境中的深层结构，也成为人类在更高层面对能量、信息和物质的组织和梳理。这意味着建筑将参与到环境中复杂性的动态进程中，通过在信息维度和能量维度的干预将环境中的多变现象与人类活动契合。建筑变得轻巧无形，边界消失，构架消散，限制消解。建筑不再是内外环境的界限，而是成为一种不断变化的、没有固定物质形态的存在。由此，建筑将不再是以单体的尺度融入自然，而是在更大的尺度上与自然交融共生。

18. 如何理解"人即建筑，建筑即人"？

"人即建筑，建筑即人"不能被简单地解读成对生命主体的冰冷物化或者对人造客体的盲目拟人。建筑虽然有可能成为智慧化的机器生命体，或者是人工智能的物质载体，但建筑是否会升级为具有自主意识的智能载体，涉及人工智能未来对自主意识的理解与建构，当下的技术现状对这个争论无法给出令人信服的答案，这也会是未来人类社会的最大变数之一。"人即建筑，建筑即人"的关键在于提供一个看待人与建筑关系的新框架和新角度。人与建筑之间"有机"和"无机"、"主体"和"客体"的边界需要被重新构思为一种去稳定的、去中心的、愈加复杂而紧密的关系。两者都可能是人造物与自然物的结合与混生。物质、信息与能量能够在两者之间交流转换，人和建筑因此具有了交往的可能。这种角度也启发我们去突破传统的对人和建筑的理解，而抱着一种"建筑非建筑，人非人"的思辨方式去看待未来充满着不确定性的人和建筑。

19. 本原设计思想对思考未来有什么参考意义？

"本原设计"中的"健康、高效、人文"三要素提供了观察和思考技术的切入点。"健康"所对应的是医学化的思考，不仅仅是对当下人体的关照，更是思考"增强新人"所带来的需求变化；"高效"对应的是信息化的思考，不仅仅是对当下建造技术的提升，更是思考"人造地球"中形成的协同互通；而"人文"则是面对技术至上和技术垄断的平衡和反思，是建筑体现出其自省性和批判性的途径。

20. 对未来的思考需要怎样的人文反思？

当下常规的思考未来的方式是正向推导，然而更加有效的方法是"站在未来，思考现在"。设身处地预测预判未来五十年，甚至一百年的状况，依据未来的可能性，为当下的发展预留空间和弹性。同时，还需要时刻关注人和环境的变化。面对着新人增强和环境升维的趋势，人文的反思可以关注实体与虚体之间的相互平衡，关注个体与集体之间的来回校对，关注往昔与未来之间的反复参考。

后记

　　终于到了给全书结尾的时刻。这本书的写作历程夹杂着思考的困顿和顿悟的欣喜。这是一个不断提出问题，再不断寻找答案线索的过程。有些线索在前人的铺垫中能清晰地尾随，有些线索在未知的迷雾中则需要借助想象。在回望与展望的交织中，产生了超越建筑专业内容的思考。

　　写作初期用的仍然是正统的建筑思维，用建筑学中习以为常的"空间""美学"等概念来思考未来，却发现这些概念由于其历史局限性，在思考未来时会因为历史惯性而造成阻力。因此，思考未来的建筑需要一些不会产生自我限制的概念作为工具。于是，这本书不仅仅是以未来的时间看建筑，更是通过"舱体""巨构""端口""系统""连接"等概念，编织出一种透过建筑视角看未来的方式，让建筑成为反思未来不确定性的工具。

　　未来世界中高度昌明的技术奇景常会唤起我们的憧憬与想象。在人类几百万年攀升的过程中，技术既给予人类馈赠，又让人类付出沉重的代价，是利弊同在的产物。越是锋利的刀刃越需要坚韧的刀鞘与之相配。因此，技术的产生与普及需要人文的反思，技术的应用更需要匹配完善的机制，需要在社会层面建立与之相配的制度、规范、伦理乃至深层的社会结构。未曾讨论、不经抵抗的技术垄断，才会是我们最应该关注的严重社会问题。

因此，虽然本书从建筑学的知识背景出发展开对未来的讨论，但我们的初衷并非建立一套圈地自萌式的专业藩篱。建筑是与日常生活最为贴近的典型场景，我们希望借此作为观察当下、构想未来的分析语汇，呈现出一种为多数人所理解的情节讲述。未来的技术发展无论是好是坏，是快是慢，都需要包括建筑师在内的各行各业的讨论与反思。我们热切地盼望有众多不同知识背景的读者与我们建立起或直接或间接的交流渠道。纳别水之址对于身处讲求知识交融的时代的每位探索者而言都是尤为重要的品质。

图书在版编目（CIP）数据

人与建筑的异化 / 孟建民，刘杨洋，李晓宇著 . —
北京：中国建筑工业出版社，2022.10（2023.11 重印）
（本原设计·城市与建筑理论丛书）
ISBN 978-7-112-27834-3

I.①人… Ⅱ.①孟… ②刘… ③李… Ⅲ.①建筑理
论 Ⅳ.① TU-0

中国版本图书馆 CIP 数据核字（2022）第 159981 号

丛书策划：咸大庆
责任编辑：费海玲　张幼平
责任校对：张辰双

本原设计·城市与建筑理论丛书

人与建筑的异化

孟建民　刘杨洋　李晓宇　著

*

中国建筑工业出版社出版、发行（北京海淀三里河路 9 号）
各地新华书店、建筑书店经销
北京方舟正佳图文设计有限公司制版
北京中科印刷有限公司印刷

*

开本：787 毫米 × 1092 毫米　1/16　印张：13¾　插页：1　字数：172 千字
2023 年 7 月第一版　2023 年 11 月第二次印刷
定价：**68.00** 元
ISBN 978-7-112-27834-3
（39987）

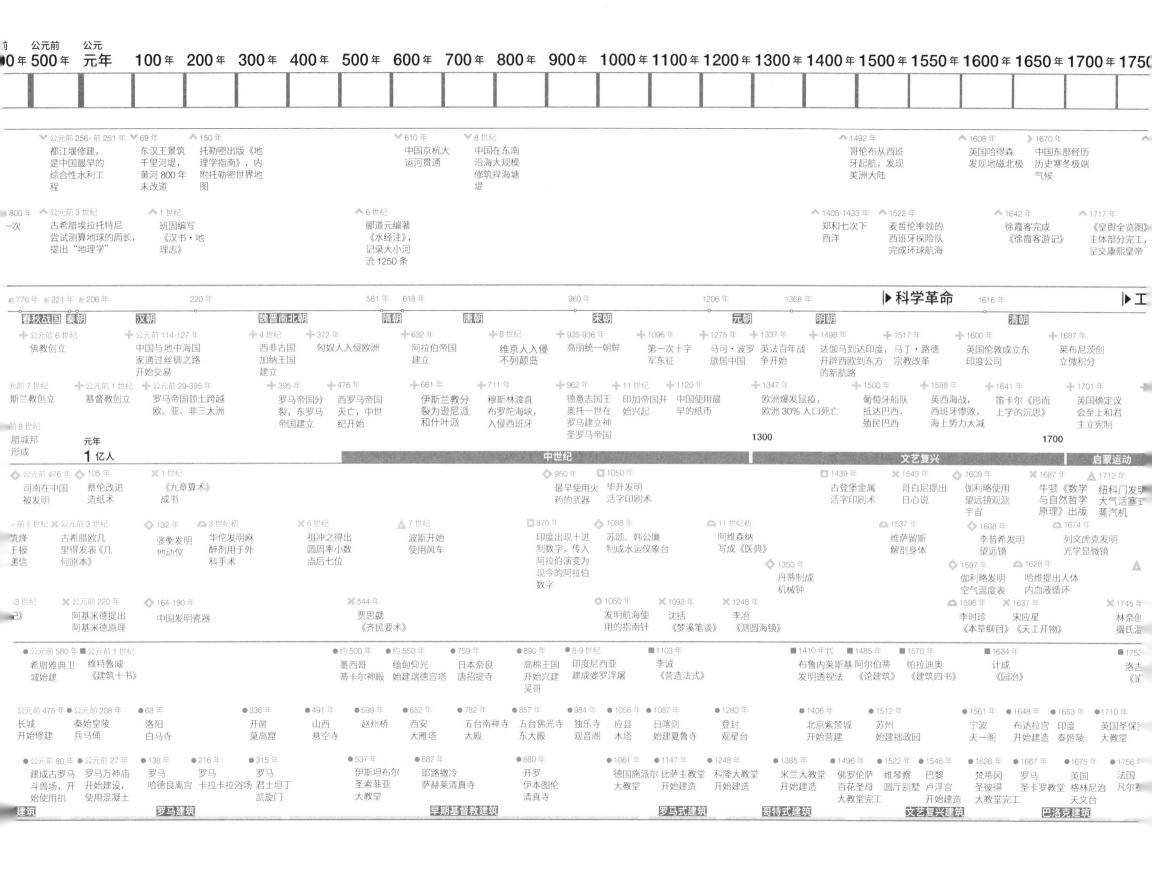

前 | 公元前 500年 | 公元 元年 | 100年 | 200年 | 300年 | 400年 | 500年 | 600年 | 700年 | 800年 | 900年 | 1000年 | 1100年 | 1200年 | 1300年 | 1400年 | 1500年 | 1550年 | 1600年 | 1650年 | 1700年 | 1750

地理/水利等

- 公元前256-前251年：都江堰修建，是中国最早的综合性水利工程
- 69年：东汉王景筑千里河堤，黄河800年未改道
- 150年：托勒密出版《地理学指南》，内附托勒密世界地图
- 610年：中国京杭大运河贯通
- 8世纪：中国在东南沿海大规模修筑捍海塘堤
- 1492年：哥伦布从西班牙起航，发现美洲大陆
- 1608年：英国哈得森发现地磁北极
- 1670年：中国东部经历历史寒冬极端气候

- 800年……一次
- 公元前3世纪：古希腊埃拉托特尼尝试测算地球的周长，提出"地理学"
- 1世纪：班固编写《汉书·地理志》
- 6世纪：郦道元编著《水经注》，记录大小河流1250条
- 1405-1433年：郑和七次下西洋
- 1522年：麦哲伦率领的西班牙探险队完成环球航海
- 1642年：徐霞客完成《徐霞客游记》
- 1717年：《皇舆全览图》主体部分完工，呈交康熙皇帝

朝代

前770年 前221年 前206年 | 220年 | 581年 618年 | 960年 | 1206年 | 1368年 | ▶科学革命 | 1616年 | ▶工

春秋战国 秦朝 | 汉朝 | 魏晋南北朝 | 隋朝 | 唐朝 | 宋朝 | 元朝 | 明朝 | 清朝

- 公元前6世纪：佛教创立
- 公元前114-127年：中国与地中海国家通过丝绸之路开始交易
- 4世纪：西非古国加纳王国建立
- 372年：匈奴人入侵欧洲
- 632年：阿拉伯帝国建立
- 8世纪：维京人入侵不列颠岛
- 935-936年：高丽统一朝鲜
- 1096年：第一次十字军东征
- 1275年：马可·波罗旅居中国
- 1337年：英法百年战争开始
- 1498年：达伽马到达印度，开辟西欧到东方的新航路
- 1517年：马丁·路德宗教改革
- 1600年：英国伦敦成立东印度公司
- 1687年：莱布尼茨创立微积分

- 元前7世纪……斯兰教创立
- 公元前1世纪：基督教创立
- 公元前29-395年：罗马帝国领土跨越欧、亚、非三大洲
- 395年：罗马帝国分裂，东罗马帝国建立
- 476年：西罗马帝国灭亡，中世纪开始
- 661年：伊斯兰教分裂为逊尼派和什叶派
- 711年：穆斯林渡直布罗陀海峡，入侵西班牙
- 962年：德意志国王奥托一世在罗马建立神圣罗马帝国
- 11世纪：印加帝国开始兴起
- 1120年：中国使用最早的纸币
- 1347年：欧洲爆发鼠疫，欧洲30%人口死亡
- 1500年：葡萄牙船队抵达巴西，殖民巴西
- 1588年：英西海战，西班牙惨败，海上势力大减
- 1641年：笛卡尔《形而上学的沉思》
- 1701年：英国确定议会至上和君主立宪制

- 前8世纪……腊城邦形成
- 元年 1亿人
- 1300
- 1700
- 中世纪 | 文艺复兴 | 启蒙运动

科学技术

- 公元前476年：司南在中国被发明
- 105年：蔡伦改进造纸术
- 1世纪：《九章算术》成书
- 950年：最早使用火药的武器
- 1050年：毕升发明活字印刷术
- 1439年：古登堡金属活字印刷术
- 1543年：哥白尼提出日心说
- 1609年：伽利略使用望远镜观测宇宙
- 1687年：牛顿《数学与自然哲学原理》出版
- 1712年：纽科门发明大气活塞式蒸汽机

- 前7世纪……筑烽……于报……递信
- 公元前3世纪：古希腊欧几里得发表《几何原本》
- 132年：张衡发明地动仪
- 3世纪初：华佗发明麻醉剂用于外科手术
- 5世纪：祖冲之得出圆周率小数点后七位
- 7世纪：波斯开始使用风车
- 870年：印度出现十进制数字，传入阿拉伯演变为现今的阿拉伯数字
- 1088年：苏颂、韩公廉制成水运仪象台
- 11世纪初：阿维森纳写成《医典》
- 1537年：维萨斯里解剖身体
- 1608年：李普希发明望远镜
- 1674年：列文虎克发明光学显微镜
- 1350年：丹蒂制成机械钟
- 1597年：伽利略发明空气温度表
- 1628年：哈维提出人体内血液循环

- -3世纪……己
- 公元前220年：阿基米德提出阿基米德原理
- 164-190年：中国发明瓷器
- 544年：贾思勰《齐民要术》
- 1050年：发明航海使用的指南针
- 1093年：沈括《梦溪笔谈》
- 1248年：李冶《测圆海镜》
- 1596年：李时珍《本草纲目》
- 1637年：宋应星《天工开物》
- 1745年：林奈创……摄氏温……

建筑

- 公元前580年：希腊雅典卫城建成
- 公元前1世纪：维特鲁威《建筑十书》
- 约500年：墨西哥蒂卡尔神殿
- 约550年：缅甸仰光始建瑞德宫塔
- 759年：日本奈良唐招提寺
- 890年：高棉王国开始兴建吴哥
- 8-9世纪：印度尼西亚建成婆罗浮屠
- 1103年：李诫《营造法式》
- 1410年代：布鲁内莱斯基发明透视法
- 1485年：阿尔伯蒂《论建筑》
- 1570年：帕拉迪奥《建筑四书》
- 1634年：计成《园冶》
- 1753年：洛吉……《……

- 公元前475年：长城开始修建
- 公元前208年：秦始皇陵兵马俑
- 68年：洛阳白马寺
- 336年：开凿莫高窟
- 491年：山西悬空寺
- 599年：赵州桥
- 652年：西安大雁塔
- 782年：五台南禅寺大殿
- 857年：五台佛光寺东大殿
- 984年：独乐寺观音阁
- 1056年：应县木塔
- 1087年：日喀则始建夏鲁寺
- 1280年：登封观星台
- 1406年：北京紫禁城开始营建
- 1512年：苏州始建拙政园
- 1561年：宁波天一阁
- 1648年：布达拉宫开始建造
- 1653年：印度泰姬陵
- 1710年：英国圣保罗大教堂

- 公元前80年：建造古罗马斗兽场，开始使用拱
- 公元前27年：罗马万神庙开始建设，使用混凝土
- 138年：罗马哈德良离宫
- 216年：罗马卡拉卡拉浴场
- 315年：罗马君士坦丁凯旋门
- 537年：伊斯坦布尔圣索菲亚大教堂
- 687年：耶路撒冷萨赫莱清真寺
- 880年：开罗伊本图伦清真寺
- 1061年：德国施派尔大教堂
- 1147年：比萨主教堂开始建造
- 1248年：科隆大教堂开始建造
- 1385年：米兰大教堂开始建造
- 1496年：佛罗伦萨百花圣母大教堂完工
- 1522年：维琴察圆厅别墅
- 1546年：巴黎卢浮宫开始建造
- 1626年：梵蒂冈圣彼得大教堂完工
- 1667年：罗马圣卡罗教堂
- 1675年：法国凡尔……
- 1756年：……

建筑 | 罗马建筑 | 早期基督教建筑 | 罗马式建筑 | 哥特式建筑 | 文艺复兴建筑 | 巴洛克建筑

800年 1810年 1820年 1830年 1840年 1850年 1860年 1870年 1880年 1890年 1900年 1910年 1920年 1930年 1940年 1950年 1955年 1960年 1965年 1970年 1975年 1980年 19

气候/环境事件

险家詹库克进入圈

1815年 印尼坦博拉火山喷发，导致次年北半球无夏

1840年 瑞士温特阿尔建立世界首个冰川研究站

1844年 美国建成华盛顿至巴尔的摩的电报线路，全长64公里

1869年 苏伊士运河通航

1904年 阿根廷建立首个南极科考站奥长达斯站

1913年 巴拿马运河开通，大西洋与太平洋汇合

1920年 荷兰开始在须德海围海造陆

1936年 胡佛大坝建成，将科罗拉多河抬升221米

人类世

1967年 土库曼斯坦卡拉库姆运河建成，引水灌溉导致咸海水量急剧减少，面积急剧萎缩

1972年 英国约翰·索耶发表《人造二氧化碳排放和温室效应》，成为经久不衰的环保和气候议题

1984年 世界x量系新版x即WO

89年 国马尔萨斯出人口理论

1817年 亚历山大·冯·洪堡绘制全球平均气温分布图，首次提出等温线

1852年 首次测绘珠峰，确定其为世界最高峰

1866年 英国敷设横渡大西洋的海底电缆成功，实现了越洋电报通信

1912年 魏格纳正式提出大陆漂移学说

1923年 阿塞拜疆在里海里建设了第一座离岸水上采油平台

1952年 燃煤排放的粉尘和二氧化硫造成伦敦烟雾事件

1964年 苏联天文学家尼古拉·卡尔达肖夫提出卡尔达肖夫指数

1972年 竺可桢发表《中国近五千年来气候变迁的初步研究》，分析了气候变化对中国历史的影响

命 | ▶电力革命 | 1911年 | 1949年 | ▶信息革命

中华民国 | 中华人民共和国成立

社会/政治事件

大革命

1793-1815年 拿破仑战争

1825年 玻利维亚独立，拉丁美洲独立战争结束

1840年 第一次鸦片战争

1851-1864年 太平天国运动

1868年 日本明治维新

1896年 第一届现代奥运于希腊雅典举行

1911年 辛亥革命

1918年 西班牙流感大流行

1929-1933年 大萧条从美国开始席卷世界

1945年 原子弹在日本广岛、长崎爆炸

1955年 华沙条约组织成立

1961年 柏林墙修建

1960年代 众多非洲国家独立

1973年 第四次中东战争引发石油危机

1978年 中国改革开放

1982年 英国马岛x

独立发表

1812-1815年 美国欲夺取加拿大殖民地爆发美英战争

1837-1901年 英女王维多利亚在位，英国国势趋于鼎盛

1852年 黑船事件，日本结束闭关锁国

1861-1865年 美国南北战争

1900年 八国联军侵华

1914-1918年 第一次世界大战

1939-1945年 第二次世界大战

1944年 布雷顿森林体系建立

1949年 北大西洋公约组织成立

1962年 古巴导弹危机

1968年 法国爆发五月风暴学生工人运动

1980年代 美苏争霸："星球大战计

04年 0亿人

1824年 英国入侵缅甸

1846-1848年 美墨战争

1861年 俄国废除农奴制

1867-1894年 马克思《资本论》出版

1894年 中日甲午战争

1904年 日俄战争

1917年 俄国十月革命 1927 20亿人

1947年 印巴分治

1960 30亿人

越南战争

1974 40亿人

1979年 苏联入侵阿富汗

科技事件

x特发明x电池

1826年 尼埃普斯发明照相技术

1838年 莫尔斯发明电报

1859年 达尔文出版《物种起源》提出进化论

1876年 贝尔发明电话

1888年 赫兹发现电磁波

1905年 爱因斯坦发表狭义相对论

1925年 海森堡提出量子力学不确定性原理

1945年 维纳提出控制论

1952年 帕森斯公司制成数字控制机床

1958年 基尔比发明半导体集成电路

1967年 第一例心脏移植手术在南非完成

1973年 摩托罗拉研制出手机

1981年 IBM推出部个人计

1807年 戴维发明孤光灯

1820年 奥斯特发现电流的磁效应

1831年 法拉第发现电磁感应现象

1840年 焦耳提出焦耳定律

1865年 孟德尔发表遗传定律

1877年 爱迪生发明留声机

1895年 伦琴发现X射线

1903年 马可尼发明无线电

1926年 贝尔发明电视

1947年 发明半导体晶体管

1953年 沃森和克里克发现DNA双螺旋结构

1958年 格列巴乔夫发明起搏器

1971年 因特尔公司制成微处理器

1978年 试管婴儿首次在英国医院出生

斯发明机

1826年 欧姆提出欧姆定律

1839年 格罗夫发明燃料电池

1856年 贝塞麦开创现代炼钢法

1866年 诺贝尔发明炸药

1879年 爱迪生发明白炽灯

1895年 卢米埃尔兄弟首次放映首部电影

1905年 贝克兰发明塑料

1920年 胰岛素被首次运用

1928年 弗莱明发现青霉素

1946年 第一台通用计算机ENIAC研发

1954年 苏联建成第一座核电站

1961年 加加林完成首次载人航天

1968年 制造大型客机波音747

1981年 航天飞机第一次升空

302年 x顿制造蒸汽轮船

1825年 斯蒂芬孙建成铁路

1853年 凯利研制的滑翔机首次载人自由飞行

1869年 门捷列夫发表元素周期表

1882年 本茨开始销售汽车

1903年 赖特兄弟首次飞行

1908年 福特T型车问世

1939年 第一次实现电视直播

1957年 苏联发射第一台人造卫星

1969年 阿波罗11号登月

建筑技术/事件

1796年 英国人帕克制成棕色水泥，命名为罗马水泥

1824年 英国人阿斯普丁发明硅酸盐水泥

1853年 奥蒂斯发明蒸汽升降机

1865年 莫尼埃研发钢筋混凝土技术

1880年 西门子发明电力升降机

1902年 凯瑞尔发明电动制冷设备

1920年 铝材开始用于建筑内外装修

1945年 低成本空调面世

1950年 预制墙体施工成熟

1970年 监控系统开始使用

1970年 中央空调开始普及

1980年代 计算机辅助制图（CAD

1851年 森佩尔《建筑四要素》

1863年 勒-迪克《建筑理论集》

1898年 霍华德《田园城市》

1908年 《装饰与罪恶》

1923年 《走向新建筑》

1919-1933年 包豪斯学院

1933年 《雅典宪章》通过

1960年 《第一机械时代的理论与设计》

1966年 《建筑的复杂与矛盾性》

1978年 《癫狂的纽约》

1793年 柏林 勃兰登堡门

1806年 苏州 环秀山庄

1852年 北京 恭王府

1868年 英国 议会大厦

1884年 芝加哥 家庭保险公司大厦

1903年 麦金托什 格拉斯哥艺术学院

1914年 《未来主义宣言》

1939年 赖特 流水别墅

1951年 密斯 范斯沃斯住宅

1958年 密斯 西格拉姆大厦

1965年 康 萨克生物研究所

1972年 奥托 慕尼黑奥运体育场

1977年 罗杰斯与皮亚诺 蓬皮杜中心

9年 国

1792年 巴黎 万神庙

1824年 柏林 老博物馆

1836年 巴黎 凯旋门

1847年 伦敦 大英博物馆

1851年 伦敦万国博览会水晶宫

1860年 莫里斯 红屋

1874年 巴黎 歌剧院

1888年 巴黎 埃菲尔铁塔

1903年 佩雷 富兰克林路公寓

1912年 高迪 米拉之家

1927年 富勒 戴梅森住宅

1930年 柯布西耶 萨伏伊别墅

1938年 阿尔托 玛利亚别墅

1952年 柯布西耶 马赛公寓

1960年代 电讯派 伦敦娱乐宫

1964年代 黑川纪章 中银舱体大厦

1972年 福斯特 桑斯博瑞艺术中心

1978年 格雷 波特x

新古典主义建筑 | 折中主义建筑 | 现代主义建筑 | 后现代主

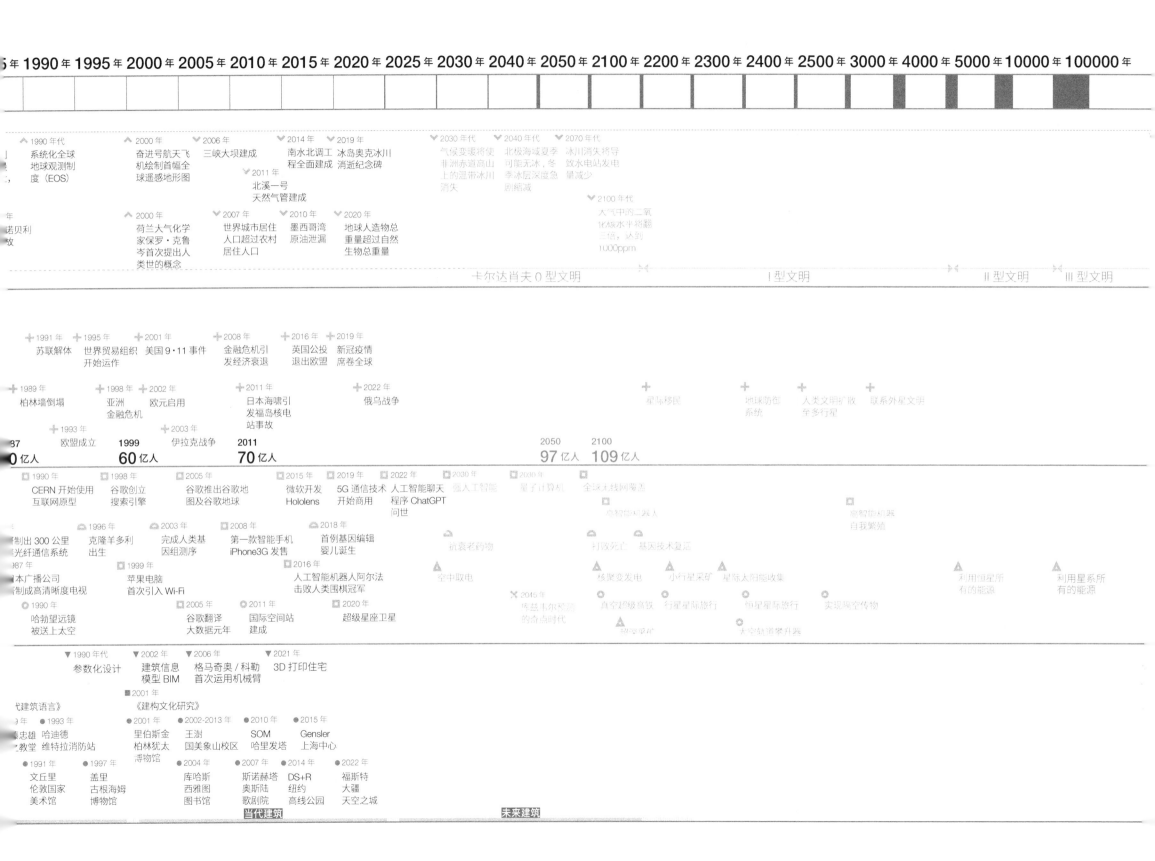

1990年代
系统化全球
地球观测制
度（EOS）

2000年
奋进号航天飞
机绘制首幅全
球遥感地形图

2006年
三峡大坝建成

2011年
北溪一号
天然气管建成

2014年
南水北调工
程全面建成

2019年
冰岛奥克冰川
消逝纪念碑

2030年代
气候变暖将使
非洲赤道高山
上的温带冰川
消失

2040年代
北极海域夏季
可能无冰，冬
季冰层深度急
剧缩减

2070年代
冰川消失将导
致水电站发电
量减少

2100年代
大气中的二氧
化碳水平将翻
三倍，达到
1000ppm

诺贝利

2000年
荷兰大气化学
家保罗·克鲁
岑首次提出人
类世的概念

2007年
世界城市居住
人口超过农村
居住人口

2010年
墨西哥湾
原油泄漏

2020年
地球人造物总
重量超过自然
生物总重量

卡尔达肖夫 0 型文明　　　　　Ⅰ 型文明　　　　Ⅱ 型文明　　Ⅲ 型文明

1991年
苏联解体

1995年
世界贸易组织
开始运作

2001年
美国 9·11 事件

2008年
金融危机引
发经济衰退

2016年
英国公投
退出欧盟

2019年
新冠疫情
席卷全球

1989年
柏林墙倒塌

1998年
亚洲
金融危机

2002年
欧元启用

2011年
日本海啸引
发福岛核电
站事故

2022年
俄乌战争

星际移民

地球防御
系统

人类文明扩散
至多行星

联系外星文明

1993年
欧盟成立

1999
60 亿人

2003年
伊拉克战争

2011
70 亿人

2050
97 亿人

2100
109 亿人

87
0 亿人

1990年
CERN 开始使用
互联网原型

1998年
谷歌创立
搜索引擎

2005年
谷歌推出谷歌地
图及谷歌地球

2015年
微软开发
Hololens

2019年
5G 通信技术
开始商用

2022年
人工智能聊天
程序 ChatGPT
问世

2030年
强人工智能

2030年
量子计算机

全球无线网覆盖

制出 300 公里
光纤通信系统

1996年
克隆羊多利
出生

2003年
完成人类基
因组测序

2008年
第一款智能手机
iPhone3G 发售

2018年
首例基因编辑
婴儿诞生

抗衰老药物

打败死亡

基因技术复活

超智能机器人

超智能机器人
自我繁殖

1987年
本广播公司
制成高清晰度电视

1999年
苹果电脑
首次引入 Wi-Fi

2016年
人工智能机器人阿尔法
击败人类围棋冠军

空中取电

核聚变发电

小行星采矿

星际太阳能收集

利用恒星所
有的能源

利用星系所
有的能源

1990年
哈勃望远镜
被送上太空

2005年
谷歌翻译
大数据元年

2011年
国际空间站
建成

2020年
超级星座卫星

2045年
库兹韦尔预测
的奇点时代

真空超级高铁

行星际旅行

恒星星际旅行

实现隔空传物

核能开采

太空轨道电梯升降

1990年代
参数化设计

2002年
建筑信息
模型 BIM

2006年
格马奇奥 / 科勒
首次运用机械臂

2021年
3D 打印住宅

代建筑语言》

2001年
《建构文化研究》

9年　●1993年
忠雄　哈迪德
教堂　维特拉消防站

2001年
里伯斯金
柏林犹太
博物馆

2002-2013年
王澍
国美象山校区

2010年
SOM
哈里发塔

2015年
Gensler
上海中心

1991年
文丘里
伦敦国家
美术馆

1997年
盖里
古根海姆
博物馆

2004年
库哈斯
西雅图
图书馆

2007年
斯诺赫塔
奥斯陆
歌剧院

2014年
DS+R
纽约
高线公园

2022年
福斯特
大疆
天空之城

当代建筑　　　　　未来建筑

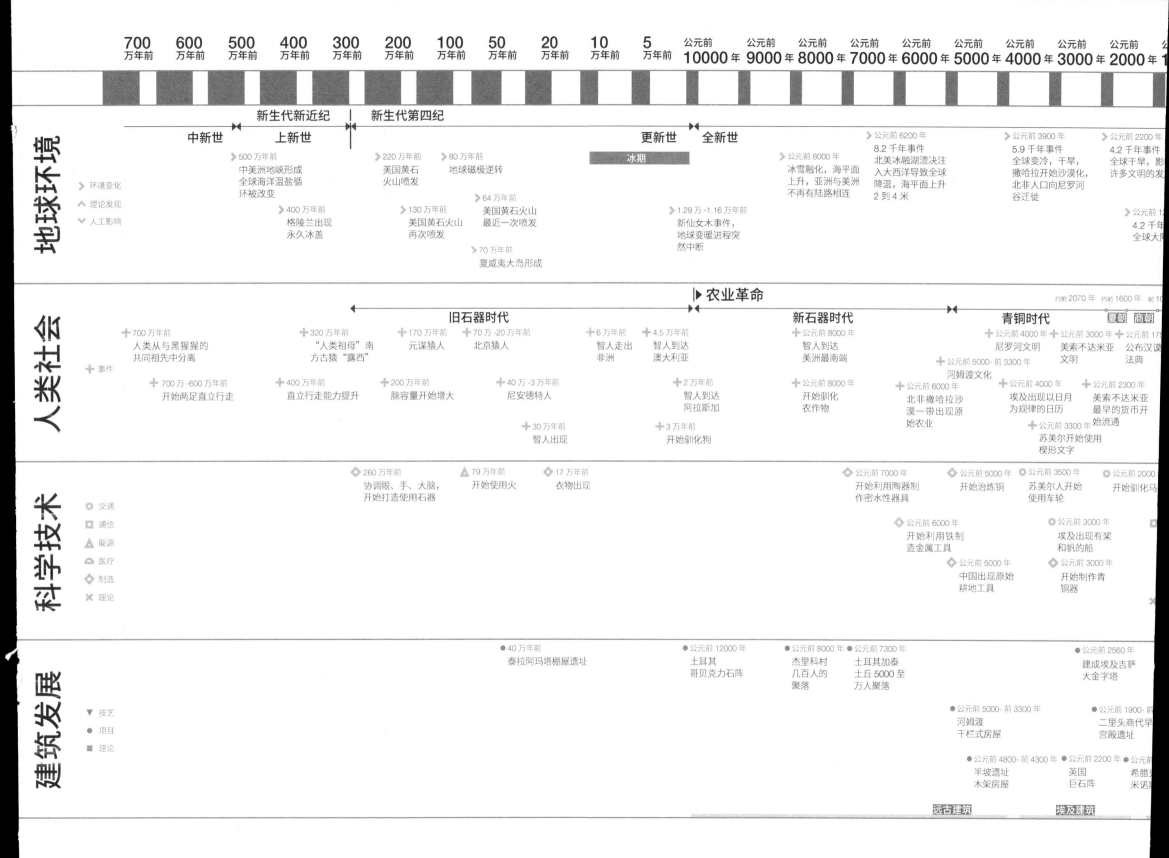

顶部时间轴：700万年前 600万年前 500万年前 400万年前 300万年前 200万年前 100万年前 50万年前 20万年前 10万年前 5万年前 公元前10000年 公元前9000年 公元前8000年 公元前7000年 公元前6000年 公元前5000年 公元前4000年 公元前3000年 公元前2000年 公元...

地球环境

新生代新近纪 | 新生代第四纪
中新世　上新世　　更新世　全新世
冰期

- 环境变化
- 理论发现
- 人工影响

500万年前　中美洲地峡形成　全球海洋温盐循环被改变
400万年前　格陵兰出现永久冰盖
220万年前　美国黄石火山喷发
130万年前　美国黄石火山再次喷发
80万年前　地球磁极逆转
64万年前　美国黄石火山最近一次喷发
70万年前　夏威夷大岛形成
1.29万-1.16万年前　新仙女木事件，地球变暖进程突然中断
公元前8000年　冰雪融化，海平面上升，亚洲与美洲不再有陆路相连
公元前6200年　8.2千年事件　北美冰融湖溃决注入大西洋导致全球降温，海平面上升2到4米
公元前3900年　5.9千年事件　全球变冷，干旱，撒哈拉开始沙漠化，北非人口向尼罗河谷迁徙
公元前2200年　4.2千年事件　全球干旱，影响许多文明的发...
公元前1...　4.2千年...　全球大陆...

人类社会

▶农业革命
旧石器时代 | 新石器时代 | 青铜时代
约前2070年　约前1600年　前10...
夏朝　商朝

- 事件

700万年前　人类从与黑猩猩的共同祖先中分离
700万-600万年前　开始两足直立行走
320万年前　"人类祖母"南方古猿"露西"
400万年前　直立行走能力提升
170万年前　元谋猿人
200万年前　脑容量开始增大
70万-20万年前　北京猿人
40万-3万年前　尼安德特人
30万年前　智人出现
6万年前　智人走出非洲
4.5万年前　智人到达澳大利亚
2万年前　智人到达阿拉斯加
3万年前　开始驯化狗
公元前8000年　智人到达美洲最南端
公元前8000年　开始驯化农作物
公元前6000年　北非撒哈拉沙漠一带出现原始农业
公元前5000-前3300年　河姆渡文化
公元前4000年　尼罗河文明
公元前4000年　埃及出现以日月为规律的日历
公元前3300年　苏美尔开始使用楔形文字
公元前3000年　美索不达米亚文明
公元前2300年　美索不达米最早的货币开始流通
公元前17...　公布汉谟拉法典

科学技术

- 交通
- 通信
- 能源
- 医疗
- 制造
- 理论

260万年前　协调眼、手、大脑，开始打造使用石器
79万年前　开始使用火
17万年前　衣物出现
公元前7000年　开始利用陶器制作密水性器具
公元前6000年　开始利用铁制造金属工具
公元前5000年　中国出现原始耕地工具
公元前5000年　开始治炼铜
公元前3500年　苏美尔人开始使用车轮
公元前3000年　埃及出现有桨和帆的船
公元前3000年　开始制作青铜器
公元前2000年　开始驯化马

建筑发展

- 技艺
- 项目
- 理论

40万年前　泰拉阿玛塔棚屋遗址
公元前12000年　土耳其哥贝克力石阵
公元前8000年　杰里科村几百人的聚落
公元前7300年　土耳其加泰土丘5000至万人聚落
公元前5000-前3300年　河姆渡干栏式房屋
公元前4800-前4300年　半坡遗址木架房屋
公元前2560年　建成埃及吉萨大金字塔
公元前1900-前...　二里头商代早...宫殿遗址
公元前2200年　英国巨石阵
公元前...　希腊...　米诺...
远古建筑　|　埃及建筑